En búsqueda de
las mejores variedades de abejas

Basado en resultados de los estudios realizados
sobre razas y cruces.

Northern Bee Books

Hermano Adam

La selección de las abejas

Experiencias sobre la mejora genética de la abeja Buckfast
por parte de Hermano Adam

Traducción de Mattia Ferramosca

Northern Bee Books

Hermano Adam.

Experiencias de la mejora genética de la abeja Buckfast por parte de Hermano Adam

Título original:

Breeding the Honeybee. A contribution to the Science of Beebreeding (1.987)

Copyright © 1.987, Northern Bee Books, Hebden Bridge, GB

ISBN 978-1-914934-66-7

Edición número 1

Traducción de Mattia Ferramosca

Front cover image of Brother Adam courtesy of Ian McLean N.D.B.

¿Cuál son las principios prácticos para la selección de las abejas reinas? Herman Adam, autoridad indiscutida de la apicultura moderna, en este libro, nacido desde una larguísimas experiencia, trata la cuestión a partir desde sus raíces. En la primera parte del libro explica, a través de las Leyes de Mendel, el particular funcionamiento de la genética de la abeja; en la segunda describe cual son las posibilidades prácticas para actuar en sus características; en la tercera parte describe, en cada raza, las virtudes y los defectos para los apicultor, sugiriendo cruces y resultados para una mejora constante y duradera. Tal vez sea la obra más importante de Hermano Adam, este relato será de gran ayuda para cualquier que quiera hacer frente concretamente al problema principal de la apicultura.

"Son pocos los apicultores capaces de practicar una selección en pureza: la mayoría de ellos tiene que recurrir a los apareamientos mixtos o a cruces, y en cierta medida a los cruces entre razas, dándose más o menos cuenta. Estos apareamientos entre cruces de individuos de la misma raza o entre razas diferentes son por la mayoría, si no exclusivamente, cruces casuales.

Por un eficaz estudio de las razas, todavía, es imprescindible un preciso conocimiento de sus orígenes, con la excepción de cuando se intenta hacer unos sencillos cruces de utilidad. Sin embargo seleccionar a partir de reproductoras ciertas y hacer fecundaciones en total aislamiento puede proporcionar al apicultor, evitando así importantes gastos, todas las ventajas prácticas y económicas de una variedad pura criada con gran esfuerzo por parte de un seleccionador".

ÍNDICE

Presentación   1

Prefacio   3

Introducción   5

Apis mellifera en la antigüedad y en la actualidad   5

La Naturaleza como seleccionadora   6

Logros de los más recientes experimentos de selección   7

Primera parte   9

LA TEORÍA DE LA SELECCIÓN GENÉTICA   9

La abeja como miembro de una unidad social   9

La vida de las abejas y su adaptabilidad en el medio   10

Por qué la selección de abejas es un caso excepcional   11

Los efectos de la partenogénesis   12

El pedigrí de Apis mellifera   13

La relevancia del apareamiento múltiple   16

Ventajas y desventajas de la endogamia   18

Las leyes de Mendel sobre la heredabilidad   19

La raza pura teniendo en cuenta estas leyes   26

La aplicación del mendelismo en Apis mellifera   27

Cromosomas y división reduccional   31

La influencia recíproca de los genes   33

Resultados conseguidos en los cruces indicados   35

Transmisión de los polímeros   35

Características correlacionadas   36

Las limitaciones impuestas por parte de la heredabilidad   36

Mutaciones   37

Sintetizar nuevas combinaciones   39

Los límites que nos imponen   40

Determinación del sexo   41

Una palabra de advertencia sobre la teoría pura   42

Segunda parte   45

POSIBILIDADES PRÁCTICAS DE LA SELECCIÓN   45

Observaciones preliminares   45

Las finalidades de la selección   47

Los objetivos económicos de la selección   47

Las cualidades más importantes para el rendimiento   48

    1. Fecundidad   48

    2. Laboriosidad o esfuerzo en la búsqueda de alimento   49

3. Resistencia a las enfermedades   50
4. Desafección a la enjambrazón   50

Cualidades secundarias   51

1. Longevidad   51
2. Fuerza alar   52
3. Agudo sentido del olfato   52
4. Instinto para defenderse   52
5. Vigor y capacidad para superar el invierno   53
6. Desarrollo primaveral   53
7. Capacidad de ahorro   54
8. Instinto de aprovisionamiento   54
9. Uso de los panales   54
10. Producción de cera y construcción de los panales   55
11. Recolección de polen   55
12. Longitud de la lígula   56

Cualidades que influyen en el manejo   56

1. Temperamento dócil   56
2. Comportamiento manso   57
3. Reticencia a propolizar   57
4. Puentes de cera entre cuadros   57
5. Limpieza   58
6. Opérculos   58
7. Sentido de la orientación   59

La selección como herramienta para luchar contras las enfermedades   60
Resistencia e inmunidad   61
Datos contradictorios   61

Enfermedades de la abeja adulta   62
Acariosis   62
Nosemosis   65
Parálisis   66
Septicemia bacteriana   67

Enfermedades de la cría   68

Loque americana	68
Loque europea	70
Cría sacciforme	70
Pollo escayolado	70
Anomalías de la cría	71
Conclusiones	71
Evaluaciones de las prestaciones	72
Método de selección	74
El método de la selección natural	74
Selección en pureza	75
Selección por línea	76
Selección por cruce	76
Selección por combinaciones	82
Desarrollo de nuevas combinaciones	83
Selección intensiva	84
Algunos resultados de la selección por combinaciones	86
Híbridos múltiples	87
Tercera Parte	**89**
UNA EVALUACIÓN DE LAS POSIBILIDADES DE SELECCIÓN ENTRE	
DIFERENTES RAZAS DE ABEJAS	**89**
Introducción	89
Los objetivos de la Naturaleza en la selección	89
Aclimatación	89
Medio ambiente	91
Estándar de referencia	92
Hallazgos biométricos	92
Mis investigaciones	93
Las características esenciales de las razas de abejas	93
Ligústica	93
Cárnica	95
Subvariedad de la cárnica	96
Abeja griega	97
Caucásica	98
Anatoliaca	99
Grupo de la raza egipcia	102
Fasciata	102
Siria	103
Chipriota	103
Adami	105
Grupo de la raza Intermissa	106
Intermissa	106

Subvariedad de la intermissa   107
Subvariedad de Europa y de Asia septentrional   109
Apis mellifera Major Nova   109
Sahariensis   110
Notas de acompañamiento a la tabla   111
Los recursos genéticos   112
Conclusiones   114
Glosario   117
Símbolos   119

PRESENTACIÓN

Esta obra, la cual se presenta a sí misma como una modesta aportación a la ciencia sobre la selección genética, ha tenido (y sigue teniendo) un gran valor desde el punto de vista científico y práctico, y sin duda es la obra más importante de Hermano Adam, una especie de resumen teórico-práctico de su trabajo. Seguramente, constituye un libro único en su género, en particular por su valor histórico y didáctico. Después de más treinta años de su primera publicación sigue siendo utilísimo al apicultor, y representa un excelente ejemplo de divulgación práctica firmemente arraigada sobre bases científicas.

El objetivo de esta traducción es que, junto a sus dos anteriores publicaciones, este libro pueda conservar su valor en un futuro próximo, y continúe estimulando la inteligencia y la observación metódica sobre nuevas y actuales cuestiones: por ejemplo, ofreciendo a los apicultores nuevas bases para hacer frente a un problema urgente, como la varroa, utilizando la selección como herramienta. Pero, también, que simplemente siga invitando a los apicultores a obtener siempre más conciencia y conocimiento de las abejas con las que trabaja, que es lo que Hermano Adam recomienda, al fin y al cabo.

No obstante, lo que prevalecerá es el recuerdo de este monje como el más importante apicultor de principios del siglo XX, demostrándose como la máxima eminencia en la explotación de los patrimonios genéticos que la Naturaleza pone a nuestra disposición. De hecho, Hermano Adam deja abiertas (o ligeramente mencionadas) cuestiones de gran relieve. Poquísimo o insuficiente espacio encontramos dedicado al difícil reto de la erosión genética de los patrimonios genéticos naturales. Claro está que, en su época, este problema era menos urgente; pero también él mismo se complace en señalarlo y dejarlo como ese reto, por decirlo de alguna manera, que afronten y resuelvan sus sucesores.

Una segunda crítica que se le podría señalar sería su silencio o la advertencia de riesgo en lo que se refiere a posibles introducciones de nuevos parásitos junto a las importaciones de reinas de los lugares más recónditos. ¿Tal vez él mismo hubiera podido esperar posibles contaminaciones inevitables en el futuro?

Con su pensamiento fundamentalmente empírico, Hermano Adam intenta, con herramientas científicas y trabajo práctico, resolver con prioridad aquellos problemas que frecuentemente acusan y sufren los apicultores en su tarea, sin perder de vista los aspectos más inmediatos, como la prestación o su relación con la cantidad de tiempo y trabajo requerido. Por todos estos motivos, estamos convencidos de que este libro será útil y grato a un gran número de apicultores.

Mattia Ferramosca

PREFACIO

Con el transcurso de los años, a menudo me han pedido trasladar por escrito mis descubrimientos y mis consideraciones sobre la selección de *Apis mellifera*. Esta necesidad nació debido a que en la literatura específica sobre este tema tenemos muy pocas informaciones a disposición. Se consiguió realizar un gran trabajo sobre las diferentes maneras de criar reinas, pero casi nada se habló sobre la selección con fundamentos genéticos en las abejas, sin considerar las publicaciones del Prof. L. Armbruster. Estas mismas aparecieron en Alemania y nunca fueron traducidas; de hecho, sus escritos no encontraron ningún terreno fértil, tampoco en su patria, por la sencilla razón de que era alguien demasiado adelantado respecto a su época.

Mis investigaciones se desarrollaron durante un periodo de setenta años de trabajo continuo; los cuales se apoyan también sobre un conocimiento de primera mano de prácticamente casi todas las razas y variedades de abejas de miel. Este es un prerrequisito esencial para cualquier intento serio de mejora sobre la base genética en las abejas.

En 1.910, F. W. Sladen de RippleCourt, en las proximidades de Dover, publicó en el *"British Bee Journal"* un relato de sus experimentos para desarrollar una nueva variedad, que fuese el resultado de un cruce entre la antigua abeja inglesa y una variedad italiana, dorada, realizados en América septentrional. Sus experimentos se basaban en los descubrimientos de Mendel. Sladen fue, pues, la primera persona que se puso un primer objetivo de este tipo, dado que no habían pasado ni diez años desde los descubrimientos de Mendel. Alrededor de la misma época, S. Simmins, de Heathfield (en Sussex) volvió a proponer un cruce que alcanzase el máximo valor económico. Demostró concretamente las potencialidades que se ofrecía a la selección de las abejas en esta dirección, y los resultados que obtuvo tuvieron una notable influencia sobre mis experimentos.

Las investigaciones *Bienenzuchtungskunde,* del Prof. Doct. L. Armbruster, aparecieron en 1.919. Por una casualidad, obtuve una copia de éstas en 1.920. Este libro me hizo descubrir un nuevo mundo, lleno de nuevas posibilidades. En aquel tiempo nadie tenía aún la más remota idea de la existencia de los apareamientos múltiples, y, por lo tanto, muchas de las conclusiones de Armbruster se fundaron sobre argumentos equivocados. Por otro lado, su interpretación sobre la heredabilidad de Mendel a la luz de la partenogénesis se sostiene aún perfectamente. También sus ilustraciones y diagramas que explican sus descubrimientos y conclusiones son excelentes. Por esta razón en este libro serán incluidas unas cuantas.

El Prof. Dr. Armbruster me concedió el máximo apoyo posible en todo momento. Para agradecérselo, le dedico este libro a él. Además de hacia Ambruster, tengo una gran deuda y reconocimiento con un gran número de personas, que me han apoyado en mis esfuerzos en diferentes ocasiones, de los cuales no podría hacer aquí una lista de todos sus nombres. Además, tengo que dar las mismas gracias a todos lo que han contribuido activamente al prefacio y a la publicación de este relato – como es el reverendo Leo Smith, que ha podido traducir este libro del Alemán[1].

Como he indicado en el subtítulo, este libro es una simple contribución a la ciencia de la selección de las abejas sobre una base genética. Sigo pensando que este libro, de alguna forma, cubrirá la carencia de literatura apícola y abrirá algunas puertas a nuevas posibilidades. A día de hoy, la "ingeniería genética" recibe todo tipo de atención - es claramente el único camino a través del cual podremos aprovechar todas las posibilidades que la abeja de miel nos ofrece.

Hermano Adam, primavera de 1.985.

---

[1] Recordamos que el siguiente libro se ha traducido a partir de la traducción en italiano del mismo.

Todas las notas son de parte del traductor.

INTRODUCCIÓN

Apis mellifera en la antigüedad y en la actualidad

Actualmente, se considera que el planeta tierra existe desde hace cuatro o cinco millones de años. La abeja de la miel más antigua ha sido conservada en un ámbar del Mar Báltico, donde vivió hace más de 50.000 mil años. Los restos fósiles de *Apis mellifera* que hasta ahora se han encontrado en Europa, se remontan a una época precedente a la Edad de Hielo, es decir, al Terciario, una época en la cual las condiciones climatológicas en Europa eran parecidas a la que hoy en día encontramos en India. Los fósiles de abejas mejor conservados vienen de Randeck y Boettingen, en Alemania suroccidental, y también desde Rott, en la región de Siebengebirge. Aquellos de Randeck y Boettingen son parte del primer Mioceno, mientras que los fósiles de Rott son de la misma época, pero más reciente. Si excluimos los fósiles que se descubrieron y se conservaron en un ámbar, las tres formas encontradas en el Siebengebirge son las más antiguas formas primitivas conocidas sobre la abeja de la miel. Estas están datadas en 25 millones de años.

Todas estas formas primitivas difieren las unas de las otras en tamaño y en un cierto número de características morfológicas. Todas tienen una fuerte similitud con *Apis mellifera*, aunque entre ellas no son iguales. La *Sinapis dormitans* de Rott es tan parecida a nuestra abeja de la miel que puede ser fácilmente confundida con esta misma.

Ninguna de estas variedades de abeja pudo sobrevivir durante la edad de Hielo, que duró por más de un millón de años. Su retirada comenzó hace alrededor de 30 millones de años y terminó hace alrededor de 10 millones de años. Durante las diferentes épocas de La edad de Hielo, la existencia de la abeja de la miel fue imposible en gran parte de Europa. La inmensa capa de hielo se extendía desde el Polo Norte hacia el Sur, hasta llegar a una línea imaginaria que iba desde los montes de Severn, en Inglaterra, pasando por Kiev y Rusia y desde allí hacia oriente. Durante la edad de Hielo, la abeja habitaba solamente en tres lugares: La península Ibérica, la italiana y la balcánica. En las áreas al norte de los Pirineos y de los Alpes, hasta donde llegaba el límite de las calotas de hielo, había solamente una Tundra infinita.

La abeja de la Península italiana, la ligústica, estaba probablemente confinada dentro de su hábitat originario, dado que los Alpes representaban una barrera insuperable para cualquier forma de migración hacia el norte. Después de la edad de Hielo, las abejas de los Balcanes fueron capaces de expandirse al norte de los Alpes Orientales y también al nordeste, hasta los límites con Rusia, donde un ulterior progreso fue impedido, no por las cadenas montañosas, sino por las estepas sin árboles. Por lo tanto, al final de la Era Glacial, la repoblación de las otras regiones europeas se pudo llevar a término solamente por las abejas de la Península Ibérica, por los dos pasos costeros a los extremos de los Pirineos, los cuales permitieron una migración hacia el norte sin obstáculos. Estas abejas eran una variedad desarrollada en el norte de África, *Apis m.intermissa*, desde la cual se han desarrollado las razas de Europa occidental, formando diferentes subespecies.

De todos los tipos de abeja de la miel que tenían su hábitat originario en Europa septentrional antes de la edad de Hielo, no ha quedado ninguna. Es verdad que los restos fósiles nos proporcionan información sobre el aspecto morfológico, pero naturalmente no disponemos de medios para acreditar cuáles fueron sus características fisiológicas. Aun así, la casi increíble estabilidad de los rasgos morfológicos de estas formas primitivas y las de hoy en día por parte de *Apis mellifera*, han resistido a lo largo de todos estos años; gracias a ello, contamos con una serie de puntos basilares para comenzar, lo cual, desde el punto de vista genético, no se puede descuidar. Aunque durante todos estos millones de años no hubo prueba evidente de una progresiva evolución de la abeja de la miel, hay una clara indicación de una despiadada selección natural.

De las innumerables formas primitivas de abejas de la miel, solamente cuatro han sobrevivido: *Apis mellifera*, *Apis ceranea* (Abeja asiática), *Apis dorsata* (abeja asiática grande), *Apis florea* (Abeja asiática chica).

Ninguna de estas variedades parece tener origen en las abejas primitivas, de las cuales conocemos sus restos fósiles. La única y sola excepción posible es la *Sinapisdormitans* de Rott, de la cual ya hemos hablado. Esta tiene una estrecha similitud con nuestra *Apis mellifera*. Actualmente, la abeja de la miel se ha difundido en el mundo entero, con la excepción de Asia suroccidental, que es la reserva natural de *Apis ceranea, dorsara y florea*. Estas tres variedades de abejas carecen de cualquier valor real, económico o de crianza. No pueden ser cruzadas entre ellas y tampoco con *Apis mellifera*.

La Naturaleza como seleccionadora

Desde siempre, el crecimiento y la supervivencia de las abejas de la miel están en manos de los caprichos del Medio. La finalidad de la naturaleza es exclusivamente preservar y difundir una especie, y su único sistema para ponerlo en práctica es una selección cruel. Todo lo que no se podía adaptar a un determinado lugar, era abandonado a su destino sin excepciones. El único objetivo es la supervivencia del que más se adapta y el más idóneo. Aunque la Naturaleza nos permite disponer de un pequeño número de variedades de abejas diferentes, por otro lado, nos ha proporcionado un número de razas geográficamente diferentes, los ecotipos tienen un valor inmenso para conseguir los objetivos de la selección. Fiel a sus principios, el medio no selecciona nunca una abeja que sea ideal o "perfecta", una abeja que pueda satisfacer todas las necesidades de un apicultor moderno. En nuestros días, la naturaleza delegó en los más innovadores y resolutivos seleccionadores para conseguir una abeja ideal

Resultados de los más recientes experimentos de selección

La selección de las abejas, a través del uso de los métodos más actualizados, acaba de empezar. El primer input lo propició el Doctor Ulrich Kramer, sueco, en 1.898. En aquel entonces, todavía las leyes de Mendel sobre la genética, eran muy poco conocidas, y la apicultura moderna estaba todavía muy incipiente, considerando que actualmente hay un progreso en continuo crecimiento[2]. Antes de la introducción del cuadro movible en 1.850, el ciclo biológico completo de las abejas era todavía un tabú, y, evidentemente, cualquier intento por comenzar cualquier manejo sobre la selección era imposible. Hay que considerar que las abejas, preservadas por parte del medio durante muchos millones de años, a día de hoy podrían seguir viviendo y representar una posible perspectiva económica sin que el apicultor tuviera que recurrir a la selección. No se podrá alcanzar una elevada cosecha media por colonia con el mínimo esfuerzo, pero una apicultura de este tipo lleva igualmente a una cierta productividad. También, por estas razones, los experimentos en la selección de las abejas y los esfuerzos efectuados hasta ahora para conseguir una abeja más productiva han llevado a resultados verdaderamente escasos.

Hasta ahora, la mayoría del trabajo en el sector de la selección de las abejas se ha desarrollado en los países donde se habla el alemán. Se comenzó en Suiza con la *"nigra"*, y durante treinta años, más o menos, los experimentos de selección con esta variedad han tenido mucha fama, no solo en Suiza sino mucho más allá de su límite administrativo. Hoy en día, la *"nigra"* está limitada a las páginas de historia. Desde entonces, en 1.950, fue sustituida por la abeja cárnica, la cual es actualmente la preferida, por lo menos en Europa central. Aun así, a pesar de todo lo que se ha afirmado en apoyo de la abeja cárnica, desde el punto de vista de la crianza para el fin económico, no hemos constatado que en la selección de esta abeja se haya alcanzado un progreso digno de mención. Su progenitora, la original *carniola*, poseía características que justamente eran muy apreciadas, pero en la cárnica, hoy en día, estas mismas faltan.

En los últimos cincuenta años, la *ligústica* ha sido valorada un poco mejor respecto a la cárnica. Está claro que nos encontramos frente a una abeja, la italiana, más llamativa y atractiva, con un color más uniforme además de un buen temperamento y más prolífica; pero tiene una vida más reducida y extremadamente malgastadora. Esta abeja tiene valor solamente donde hay flujos de néctar considerables, y especialmente donde las condiciones climatológicas son favorables. Para proporcionar una estima desde el punto de vista económico sobre los experimentos de selección conducidos hasta ahora, estamos obligados a decir que han tenido unos logros solamente moderados.

Las causas de esta falta de progreso son, en realidad, numerosas. Hay que reconocer que la selección de las abejas supone unos problemas nunca antes vistos hasta ahora en el mundo de los animales y de las plantas, y, de hecho, desde diferentes puntos de vista, los seleccionadores de estos dos últimos mundos, tienen unas tareas más fáciles si son comparadas con las abejas. Por otro lado, los seleccionadores de este insecto disponen de ventajas que no tienen aquellos de los mundos animal ni vegetal. Sea como sea, las comparaciones con experimentos de selección en las abejas aplicados a otros reinos de la Naturaleza, tienen un valor verdaderamente limitado.

Las causas reales del fracaso en el trabajo de selección de las abejas hasta ahora desarrollado, son la falta de un programa específico y la metodología no realista y aficionada que se ha ido implementando. En los capítulos siguientes, buscaremos la mejor forma de explicar qué significa trabajar en la selección de las abejas.

Apis dormitans. Abeja fosilizada de hace 25 millones de años la cual se parece bastante a nuestra *Apis mellifera* actual (de "ArchievfürBienenkunde").

---

[2] Hermano Adam escribió este libro en el 1.982, pero la observación es válida también en el 2.023.

PRIMERA PARTE
LA TEORÍA DE LA SELECCIÓN GENÉTICA

La abeja como miembro de una unidad social

En general, la selección genética de plantas y animales se ocupa de individuos seleccionados con el objetivo de desarrollar algunos rasgos ventajosos que poseen. En ambas esferas de la selección genética, el seleccionador dispone de un conocimiento exacto de las estructuras de los animales y de las plantas, así como de diferentes características, deseadas e indeseadas, que cada individuo viviente pueda poseer. En otras palabras, la selección se ocupa de determinados individuos en cuanto al pedigrí y la personalidad, que, desde el punto de vista de la selección genética, son conocidos por el seleccionador, al menos en términos genéricos.

En el caso de la abeja, el seleccionador no toma en consideración los individuos uno por uno, sino la colonia entera. Es decir, para expresar el concepto en términos más científicos, se tiene en cuenta el súper organismo; un sistema extraordinariamente regulado y ordenado, con una estructura donde todos los individuos actúan en perfecta armonía. Además, este súper organismo, por sí mismo es "inmortal"; con estas palabras quiero decir que una colonia de abejas nunca muere por vejez, sino por causas externas.

El primer punto esencial es que, en la selección genética de las abejas, no nos ocupamos de cada individuo, sino de una sociedad. Naturalmente se trata de una sociedad particular: es una familia con una madre, un indeterminado número de padres (que han muerto ya antes de los primeros nacimientos de la nueva progenie), y un número verdaderamente amplio de hijas, y, al contrario, un número muy limitado de hijos. Puesto que la madre se ha fecundado con un número indeterminado de zánganos (de media una decena), cada colonia contiene un número indefinido de grupos de hermanas. Cada grupo tiene una identidad materna, pero un padre con diferente genealogía, y, en consecuencia, con diferentes características hereditarias. Las hermanastras y hermanas de cada grupo, con su respectiva influencia genética, irán formando el súper organismo: la colonia de abejas. Por lo tanto, una familia de este insecto es un conjunto de grupos de abejas que confieren en cada unidad sus determinadas características.

En el caso de la abeja, no nos ocupamos de individuos aislados, como en la selección genética de las plantas y animales, sino que siempre nos encontramos frente a una comunidad formada por grupos de hermanastras con diferentes características genéticas: esto es un hecho que tenemos que considerar siempre.

La vida de las abejas y su adaptabilidad en el Medio

En todas las formas de vida, la Naturaleza ejerce un decisivo rol en el desarrollo de las características sobre la heredabilidad de cada individuo. Para averiguarlo, es suficiente echar un ojo a la vida animal y vegetal. Aunque puedan parecer iguales, aparentemente, no existen dos individuos de la misma familia o de la misma variedad idénticos. Hasta en el caso de las plantas, que solas se producen, o de animales que, reproducidos a través de la fisión celular son, desde un punto de vista genético, absolutamente idénticos; el Medio tiene una influencia esencial sobre el desarrollo y el crecimiento. Cada diferencia entre los individuos ocurre solamente entre límites verdaderamente restringidos e impuestos por sus características hereditarias.

¿Cómo encaja la abeja en este sistema genético? Somos conscientes de que el proceso completo de desarrollo desde el huevo hasta la abeja adulta, tanto para ser una reina, como para ser obrera o zángano, ocurre dentro de un medio natural que está sometido a continuos cambios de temperatura y humedad. Lo mismo vale para la comida a disposición, dado que las abejas tienen una capacidad de almacenar distinta según el tamaño del área de cría y el ritmo de suministro del alimento, dependiendo de las cantidades de reserva de que disponen. Una falta total de alimento significa la muerte de una colonia.

En la parte externa a la colonia de abejas, tanto la reina como los zánganos, normalmente se aventuran solamente para el vuelo de fecundación, y esto ocurre, en la mayoría de los casos, únicamente cuando las condiciones atmosféricas son favorables. Solamente la abeja obrera, a menudo, tiene que luchar contra condiciones hostiles. También en este caso no hay dudas sobre las cualidades que se adquieren y se transmiten; dado que el breve ciclo de vida de una obrera, la cual muta dependiendo de las diferentes condiciones durante el año, limita cualquier posible adaptabilidad genética permanente en una particular zona local.

Sin embargo, a pesar de estar aisladas e independientes en su medio de manera tan inusual, la abeja es capaz de adaptarse (¡lo cual no es un aclimatamiento!) a las condiciones externas, en el sentido de la supervivencia del más idóneo. Este tipo de adaptabilidad es adquirido solamente después de un periodo verdaderamente largo, y no se puede instaurar con una breve exposición sobre alguna nueva condición. Sobre esto, nos proporciona un ejemplo aquella abeja extremadamente prolífica que transforma toda su reserva en cría y se muere luego de hambre cuando se presenta un parón en el flujo de néctar durante la mitad del verano. En estos casos, el éxito es la definitiva extinción de la colonia, aunque, en casos de imperfección menos evidentes, hay una eliminación ininterrumpida de los individuos no idóneos. Tenemos que agradecer a la Naturaleza esta instintiva selección natural. En el transcurso de millones de años, la selección nos ha proporcionado, además de las razas geográficamente diferentes, aquellos ecotipos de valor para la selección que podemos encontrar en los valles más recónditos y en las regiones de montaña.

Generalmente, se considera que una abeja que ha vivido por mucho tiempo en determinadas regiones y que se ha adaptado completamente a las condiciones prevalentes tiene que ser la abeja más apta, desde el punto de vista de una apicultura con éxito, en aquella determinada región. Es verdad que una abeja de este tipo, completamente adaptada, puede conseguir sobrevivir a las estaciones más inclementes: pero el medio nunca selecciona para conseguir una cosecha excelente, sino para preservar solamente un cierto genotipo. Por lo tanto, como la experiencia nos ha demostrado sin lugar a duda, una nueva raza introducida desde un ámbito totalmente diferente puede producir resultados que, de media, supera en mayoría a aquellos de la abeja indígena. De hecho, la introducción de otras razas y variedades de abejas presentan diferentes ventajas concretas. Por ejemplo, la abeja chipriota es capaz de salir de los inviernos ingleses mucho mejor respecto de la antigua abeja indígena; nunca hemos tenido bajas de colonias chipriotas a causa del invierno, tampoco en el más húmedo de los ellos, ni en la más fría de las primaveras. En estas condiciones tan adversas, cuando llega el momento del arranque primaveral estas abejas son siempre las primeras.

Las abejas se adaptan a su medio durante largos periodos, y no se aclimatan, como a menudo se ha pensado comúnmente y de manera equivocada. Hace un tiempo, se suponía que las abejas del Medio Oriente podían aclimatarse a las condiciones de Europa Central, y podrían ser utilizadas para los fines comunes de la apicultura. Las premisas sobre estas hipótesis estaban evidentemente equivocadas. Las abejas de Oriente Medio tienen una virtud, pero esta se encuentra en otros aspectos.

Por qué la selección de las abejas es un caso excepcional

Entre los seleccionadores de abejas existe la tendencia de citar los ejemplos y la misma terminología utilizada en todas las otras maneras de seleccionar. Pero, en la selección de las abejas, nos encontramos frente a una serie de factores y dificultades que en la selección de los animales son simplemente desconocidos. Como ya hemos adelantado, en la selección de las abejas no nos ocupamos de cada individuo, sino de una sociedad compuesta de grupos que poseen características hereditarias muy diferentes entre ellos, y que varían enormemente durante el año. El material que se utiliza para seleccionar, reinas y zánganos, no nos proporcionan informaciones, sino solamente la fertilidad de la reina, y los factores de valor que transmitirán a la futura progenie. La función de las abejas productoras está limitada, solamente, al mantenimiento y desarrollo de la colonia. Solamente las abejas obreras, que en la colmena se ocupan de una función de importancia económica, manifiestan aquellas características que estamos interesados en seleccionar. Aunque sean hembras, se reproducen solamente cuando están obligadas y por pura necesidad, y entonces pueden deponer huevos que darán origen a los zánganos.

Como ya he comentado, en la selección nos encontramos frente a una cantidad de problemas del todo desconocidos respecto a las otras esferas de la selección animal y vegetal. Algunos de estos problemas son: la partenogénesis de las reinas; el apareamiento múltiple; el apareamiento con zánganos de origen desconocido, o el hecho de que el zángano con el apareamiento muere y no puede ser nuevamente utilizado para ulteriores apareamientos, como es posible en otros tipos de selección. Aunque la abeja esté sujeta a las leyes de la genética establecidas por parte de Mendel, que aplican universalmente, sin embargo, ésta muestra unas excepciones y peculiaridades que son de vital importancia. Como explicaré en detalle más adelante, las leyes descubiertas por Mendel sobre la segregación de las características, en el caso de la abeja no se aplican de la misma manera que en los otros casos de la selección. Desde el punto de vista de la selección de la abeja de miel, esto ocupa pues un lugar excepcional, y en la selección en general, no conoce igual.

Los efectos de la partenogénesis

A pesar del hecho de que, en el mejor de los casos, podemos tener un control limitado de los apareamientos de las reinas, en la cría de las abejas, el verdadero punto crítico es la partenogénesis. Esta misma, no solamente anula el normal proceso de selección, sino que desmonta todas nuestras hipótesis y nociones preconcebidas sobre la heredabilidad.

Esto ocurre porque, a causa de la partenogénesis, el zángano no tiene un padre, sino solamente una madre. Además, el macho pierde la vida en el momento del apareamiento, y deja de ser útil para cualquier ulterior selección. Como consecuencia, para la abeja no existe ninguna posibilidad de apareamiento entre padre e hija, entre madre e hijo, o entre hermano y hermana. La única posibilidad que se puede verificar es el apareamiento entre hermanastros y hermanastras.

Se puede extraer la conclusión sobre estos cruces, que en todas las otras formas de selección están considerados indispensables para intensificar determinadas características hereditarias, y en las abejas son imposibles. La situación aún es más compleja, dado que, a causa de la partenogénesis, los millones de espermatozoides producidos por parte del zángano, desde el punto de vista genético, son todos absolutamente idénticos.

Como resultado de esta uniformidad de los genes del macho, encontramos que en la abeja existe una estabilidad hereditaria mayor que en las otras formas de vida. Una ulterior consecuencia de esta uniformidad es que las abejas son más susceptibles a la endogamia. Es verdad que los apareamientos múltiples actúan para compensar el problema de la endogamia, pero solo parcialmente. En nuestros cruces selectivos, nosotros obtenemos una segregación en la progenie femenina F1[3]; en los zánganos, solamente en la F2; pero después de la segunda generación, no se obtiene el mismo modelo, como en otros tipos de selección en la que no está presente la partenogénesis. Cruzando entre ellos los individuos F1 Mendel, conseguí obtener la clásica segregación en la F2, desde la cual se producen nuevas combinaciones de genes que son luego transmitidos en línea recta. Estas mismas combinaciones, en el caso de la abeja melífera, son posibles, pero, como ya he observado, solamente de manera indirecta a causa de la partenogénesis.

Para aclarar cuanto se ha dicho, antes hay que precisar un punto: los espermatozoides producidos por parte de un zángano, desde el punto genético, son todos idénticos. Esto no significa de ninguna manera que la progenie masculina generada de una reina sea toda uniforme. En su progenie masculina, una reina manifiesta sus características genéticas hereditarias de manera diversificada, así como aquellas de sus padres, los abuelos del macho.

El pedigrí de *Apis mellifera*

Debido a la partenogénesis, el árbol genealógico de la abeja melífera es sustancialmente diferente respecto a otras formas de vida. Normalmente, entre los animales, cada individuo tiene un padre y una madre, cuatro abuelos, ocho bisabuelos, dieciséis tatarabuelos y así sucesivamente sumando el número de sus ascendentes. En el caso de la abeja melífera, el macho tiene solo una madre, dos abuelos, tres bisabuelos y solamente cinco tatarabuelos. La reina y las abejas tienen tanto a la madre como al padre, solamente tres abuelos, cinco bisabuelos y ocho tatarabuelos; esto quiere decir solamente la mitad respecto a la norma general. Resulta claro que la ascendencia de la abeja melífera difiere sustancialmente de cualquier otro ser vivo. No solamente la línea genética de ambos sexos es diferente sobre el número de antepasados, sino que el zángano no tiene padres ni tampoco hijos machos; tiene solamente un abuelo y nietos machos. Sobre esto cabe añadir que la línea genética de la abeja se complica aún más sobre la cuestión de los apareamientos múltiples. Dejando por un momento a un lado esto último, con la ayuda de un poco de aritmética podemos ver cómo la línea de las abejas difiere respecto a cualquier genealogía normal.

Una tabla genética normal se presenta así				
Productora	Padres	Abuelos	Bisabuelos	Tatarabuelos
1	2	4	8	16
En las reinas y obreras la línea es la siguiente:				
1	2	3	5	8
Puede ser más clara de esta manera:				
1	2	1+2	2+3	3+5
Es decir cada miembro es la suma de los dos precedentes.				

Los progenitores del zángano presentan igualmente una particular serie de su propia descendencia. La serie de las reinas/obreras y de los zánganos tienen ambos a la madre, pero sus primeros miembros de la serie de la línea de los zánganos es siempre 1, mientras que las reinas y obreras comienzan siempre con 2. Está claro que, sobre la proporción entre el padre y la madre, la abeja representa una excepción respecto al árbol genealógico normal, en el cual las series están siempre basadas en múltiplos de 2. En el caso del macho son claramente una minoría. Así lo muestra la siguiente tabla:

Padres	Abuelos	Bisabuelos	Tatarabuelos	etc...
Machos 1	1	2	3	5
Hembras 1	2	3	5	8

	La proporción entre padre y madre es:				
	1-1	1-2	2-3	3-5	5-8
Hembras	50%	66,6%	60%	62,5%	61,53%

Así el 61,8% en la línea genética de las abejas es de ascendencia femenina

Además, tanto en la madre como en el padre, hay una progresiva merma del número de progenitores. Comparando con la genealogía normal, la reina de la quinta generación, en la suma de los progenitores pierde la mitad, mientras que los zánganos más de dos tercios.

La consideración sobre esta reducción y desigualdad en el número de progenitores, pone en cuestión el valor relativo de la selección de reinas y zánganos: Hasta donde sabemos actualmente, estamos obligados a concluir que, en teoría, el rol determinante tiene que ser atribuido a la reina. Esto mismo viene confirmado en la práctica. Y ocurre exactamente al revés en cuanto a la selección de los animales domésticos, donde el padre determina las características de la progenie y tiene el rol de mayor importancia. Esto ocurre por numerosas razones. Tomamos como ejemplo la selección de los bovinos o de los equinos. La yegua o la vaca pueden tener una influencia directa sobre 12 descendientes como máximo, o poco más, mientras que el toro semental puede influir sobre un número prácticamente ilimitado. En el caso de la abeja melífera es al revés. Un macho juega un rol verdaderamente modesto desde el punto de vista de la selección. Además, este rol se ve más tarde reducido con el apareamiento múltiple, dado que solamente unos pocos de sus descendientes llegarán a reproducirse: aquellos que se desarrollan serán abejas reinas y se reproducirán. Incluso en las condiciones más favorables, éstos formarán solamente una parte verdaderamente minúscula de su descendencia directa. Además, nunca se podrá decir, como ocurre en el caso de los animales domésticos, que esta o aquella reina sea la hija de un particular zángano: después de que un zángano se haya apareado con éxito, no puede tener ninguna intervención más en la selección. Aunque, a pesar de los inconvenientes que los machos deben afrontar, no tenemos que subestimar nunca su importancia en la selección.

La influencia determinante ejercida sobre la selección de las madres se extiende a todas las características de su descendencia. En este sentido, al contrario de los seleccionadores de animales domésticos, los criadores de reinas tienen unas ciertas ventajas: el potencial y el grado de selección en el caso de la abeja melífera son potencialmente ilimitados. Además, somos capaces de realizar test preliminares sobre el rendimiento efectivo antes de dedicarnos a un programa de crianza extensiva, sin afrontar unos excesivos costes.

[3] Para conocer el significado de esta sigla y de otros términos se puede consultar el glosario al termine de este libro.

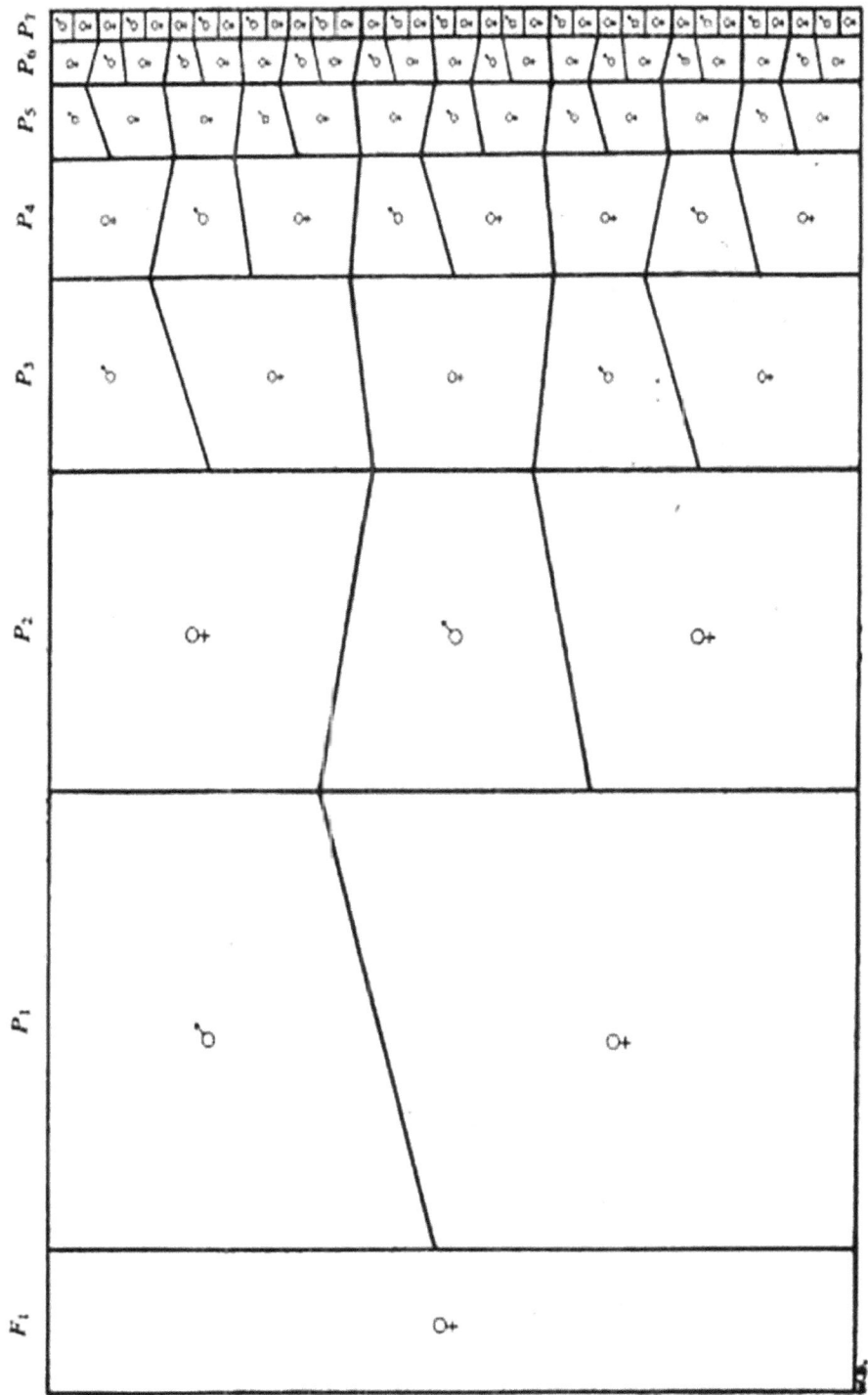

Pedigrí de la abeja de miel (Armbruster)

15

La relevancia del apareamiento múltiple

Hubo una época, tanto por parte de los investigadores como de los apicultores, donde se miraba con una perspectiva muy desconfiada la posibilidad de que un apareamiento múltiple pudiera existir. Hace alrededor de doscientos años, Anton Janscha y Francois Huber notaron cómo una reina podía regresar más veces de los vuelos nupciales con el signo del apareamiento. Ambos pensaron que la razón podía ser el hecho de que los apareamientos precedentes no habían concluido con éxito. Esta suposición, confirmada desde la experiencia del resto mundo animal, se dio por hecho hasta 1.944. En aquel año, El Doctor W. C. Roberts, de Baton Rouge, en Luisiana, publicó los resultados de los estudios que llevó a cabo sobre 110 reinas: más de la mitad habían sido observadas y revelaban las marcas de las fecundaciones. Mis experimentos personales conducidos en 1.947 mostraron, de manera concluyente, que los apareamientos múltiples eran mucho más frecuentes respecto a lo que se conocía anteriormente. Aun así, se continuó pensando que era debido a los apareamientos infructuosos, y esta convicción fue reforzada por los experimentos con la inseminación artificial, que en aquella época demostraban ser procedimientos eficaces y practicables. Estaba claro que un determinado porcentaje de zánganos poseía una cantidad de semen altamente variable, y que algunos no tenían semen en absoluto, a pesar de su más cuidada selección. A la vez, quedaba claramente demostrado que un macho completamente maduro sexualmente poseía, por lo menos, el doble de la cantidad de semen necesaria para colmar la espermateca de la reina.

La publicación de los resultados del Doctor Roberts provocó un debate inédito, dado que la posibilidad del apareamiento múltiple suponía problemas cruciales relacionados con la selección. Lo que se necesitaba era una respuesta rotunda, tanto de rechazo como a favor, sobre el trabajo del Doctor Roberts. Esta respuesta llegó de manera definitiva gracias a los experimentos del Prof. Ruttner en el verano de 1.953, y gracias a la investigación que llevó a término en los años siguientes en la isla de Vulcano, en las costas italianas. Los experimentos fueron realizados controlando los vuelos de los machos de abeja cárnica, de abeja negra europea y de chipriota, durante días diferentes, y luego examinando su progenie. Se reveló claramente que, después de cada apareamiento, el semen era transferido en la espermateca de la reina. Hasta aquel momento no estaba claro. En este mismo tiempo, las observaciones desarrolladas en la isla de Vulcano mostraron que más de la mitad de las 144 reinas sometidas a tests mostraron, más de una vez, las marcas de los apareamientos. Y aquí salió a la luz la gran sorpresa: se demostró que, incluso durante un único y simple vuelo, las reinas se habían apareado con más zánganos. Esto era un elemento verdaderamente nuevo, y anteriormente nunca se había sospechado siquiera. Pero el examen con el microscopio realizado por el Prof. Ruttner sobre las reinas, no dejaba dudas sobre el hecho de que, en su vuelta del vuelo nupcial, las reinas tenían en sus oviductos una cantidad de semen mayor respecto al macho más productivo que existía. La conclusión a extraer era evidente: las reinas que volvían de un solo vuelo nupcial con las marcas de la fecundación podían haberse apareado con numerosos machos.

Según mi opinión, este descubrimiento es lo más importante en la esfera de la ciencia de la apicultura y de la selección después de que Hermano Dzierzon, en 1.835, fuera el primero en descubrir la partenogénesis. Esta última, y la consecuente uniformidad genética de los espermatozoides del macho, aumentan los peligros de la endogamia, pero ahora sabemos que esto está equilibrado por la Naturaleza por medio del apareamiento múltiple.

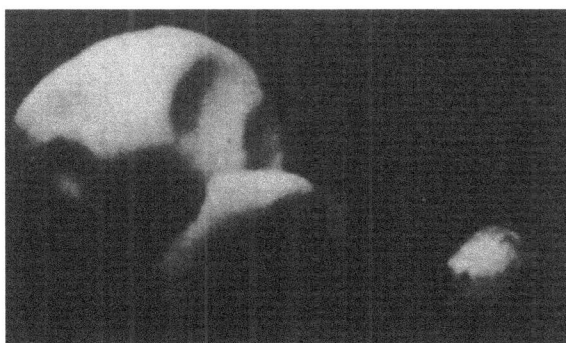

En la foto de izquierda, el diagrama indica las proporciones de la cantidad de semen: en la primera columna, la cantidad de semen producido de un solo zángano; en la segunda columna, la capacidad de una esperamateca; en la tercera columna, el correspondiente volumen de semen presente el oviducto de una reina a la vuelta de un vuelo nupcial (Ruttner). En la foto derecha: Comenzando desde izquierda, la verdadera cantidad de semen extraído de una reina después de un vuelo nupcial y a la derecha, una espermateca llena, con un aumento de 17 veces (Ruttner).

Tenemos ahora que afrontar una nueva cuestión. ¿Durante uno o más vuelos nupciales ocurridos durante el mismo día por parte de una reina que se aparea con más de un zángano, el semen se puede mezclar? En consecuencia, esto nos lleva a un punto de máxima importancia para la selección. Hoy en día sabemos que, después del apareamiento, el semen no se mezcla en un líquido seminal, sino que tiende más bien a agruparse en racimos. Además, sabemos que el semen presente es alrededor de 12 veces más que la capacidad de la espermateca de la reina. Parecería que en la espermateca llega solamente aquel semen que está próximo a la abertura del conducto de la espermateca. En otras palabras, la espermateca no contiene el semen de todos los zánganos con los que una reina se fecunda, sino solo algunos de ellos, de manera casual. Podemos estar todos de acuerdo en afirmar que la reina se aparea con diez zánganos de media.

En la actualidad no hay claras respuestas sobre todo esto. La inseminación instrumental nos enseña un camino para alcanzar la solución del problema. Desde el punto de vista estrictamente práctico, naturalmente, no hay ninguna dificultad real, dado que ningún seleccionador serio deposita su confianza en apareamientos que ocurren casualmente. Más bien se avala de un apiario suficientemente aislado, o con la inseminación instrumental. En un apiario aislado que está preparado para la cría de reinas, existe la necesidad de una serie de reinas hermanas, hijas de productoras cuidadosamente seleccionadas. Los zánganos de estas colonias manifiestan los factores hereditarios de sus abuelos o, más precisamente, muestran las características de las colonias constituidas por su abuela. Eso significa que hay una diversidad entre estos zánganos, y esto es una ventaja, en el sentido que nos deja más margen para maniobrar desde la perspectiva de la heredabilidad. Una uniformidad absoluta y rígida, en una selección seria no puede existir. Por otro lado, naturalmente, a través de la inseminación instrumental, es posible limitar el trabajo de los zánganos de una determinada colonia. Pero siempre están presentes unos peligros latentes, dado que no sabemos nunca con antelación cual será la línea de reinas que producirá los mejores zánganos para la selección. Hace un tiempo, el Doctor Kramer creyó haber fijado de manera estable esta cuestión, y, como consecuencia, había formulado su método de selección. Afortunadamente, pudo ahorrarse los peores resultados de su sistema gracias a la absoluta ausencia de fiabilidad de la estación de apareamiento de que disponía.

Habría que recordar que, al confiar en los apareamientos casuales, la progenie de una reina joven puede ser en parte "pura" y en parte "cruzada". Por lo tanto, existe la posibilidad de desarrollar una línea pura para la selección de este tipo, solamente haciendo que la selección esté concentrada sobre las reinas que manifiestan la máxima uniformidad de la progenie. Como ya he comprobado, la influencia de un cruce ocurrido algunas generaciones anteriores se mostrará con la máxima claridad en el color de la reina.

El apareamiento múltiple de la reina es, sin duda, uno de los experimentos más importantes ideados por parte de la Naturaleza para preservar la vitalidad de la abeja melífera. Al mismo tiempo, esto actúa como contraste, para equilibrar las muchas e indeseadas consecuencias de la partenogénesis.

Ventajas y desventajas de la endogamia

La endogamia puede, con razón, ser considerada el término de parangón con la crianza selectiva. Es la herramienta indispensable para intensificar, fijar y estandarizar las características deseadas, y, al mismo tiempo, erradicar los factores que no deseamos. La endogamia es utilizada en todas las formas de selección, tanto en el mundo animal como en el vegetal. De hecho, en las plantas, la autopolinización es la forma más difundida sobre la endogamia, mucho más difundida respecto a cualquier otra herramienta de propagación utilizada por la Naturaleza. Pero, por otro lado, cuando hablamos de abejas, el Medio utiliza todas las posibles estrategias para prevenir la endogamia: esto está claramente demostrado en el acto de apareamiento múltiple con los zánganos, que puede ocurrir hasta una distancia de 10 kilómetros del apiario.

Tal como la experiencia práctica sigue demostrándonos, la consecuencia más importante de la endogamia es la progresiva pérdida de vigor. Esta misma concierne todas las actividades esenciales de las abejas y hasta pone el riesgo la existencia de muchas colonias. Las devastadoras bajas que ocurren tan a menudo, se deben, en su mayoría, a esta pérdida de vitalidad. Esta es una carencia insidiosa y engañosa, que siempre se manifiesta en condiciones climatológicas desfavorables, contra las cuales una colonia debilitada no puede resistir. Consecuentemente, la Naturaleza asume el control y erradica a quien no resulta idóneo. Más falta de vitalidad se demuestra, también, en la reducida capacidad de criar, en la incapacidad de defenderse y, sobre todo, en una mayor vulnerabilidad hacia las enfermedades. Así que la endogamia atentamente controlada es, sin duda, una condición esencial en la selección de las abejas, y tiene que ser utilizada con gran prudencia. La experiencia ha demostrado que, sin estas precauciones, hasta la variedad más prolífica de abeja, en pocas generaciones puede estar perdida.

Las leyes de Mendel sobre la heredabilidad

No es este el lugar idóneo para hacer un preciso balance sobre las leyes de la heredabilidad formuladas por Mendel. Haré una referencia solamente a aquellos puntos que influyen directamente sobre la selección de las abejas. Hay una cantidad de excelentes libros sobre la heredabilidad y la genética en todos sus aspectos que cualquier lector interesado puede fácilmente consultar.

Las leyes de Mendel están basadas en todo tipo de ser viviente, incluso la abeja de miel. Ya subrayé cómo la partenogénesis y el apareamiento múltiple, factores que no encontramos en la selección de otros animales, en la genética de la abeja juegan un rol decisivo. Además, los casos de selección sobre animales domésticos que habitualmente son mencionados (no siempre provienen de la mejor fuente) no tienen validez para seleccionar a las abejas, tampoco cuando se tienen en cuenta la partenogénesis y el apareamiento múltiple. Respecto a lo que me compete, me limitaré al caso especial de la selección de Apis melífera, e intentaré describir los problemas, las excepciones y las dificultades que tenemos que afrontar. Los experimentos de Mendel en esta esfera (también él fue apicultor) se fueron a pique debido a que no tenía ningún control sobre los zánganos. Se puede deducir que no comprendía la influencia de la partenogénesis y no tenía tampoco ni idea del apareamiento múltiple.

Sabemos que Mendel fue un apicultor muy apasionado, pero, como acabo de comentar, sus experimentos estaban condenados a fracasar desde el principio. Por otro lado, sus experimentos con los guisantes, combinados con su natural genialidad matemática, le permitieron establecer las leyes generales de la heredabilidad. Sus descubrimientos comprobaron claramente que los genes (es decir, lo que él llamó "factores") de los cuales depende la heredabilidad eran constantes, y no mezclados como un fluído, como generalmente se entendía hasta entonces. La definición "sangre

mixta", que ocasionalmente hoy en día se utiliza, en los hechos no tiene ningún fundamento real. En la heredabilidad no entran en juego mezclas ni tampoco "sangre", más bien un intercambio y una recíproca influencia de los genes de los individuos que determinan el desarrollo de las características de un ser vivo. Las leyes sobre la heredabilidad son llamadas Leyes de Mendel y se definió como "Mendelismo" aquello que regula las características hereditarias, por el hecho de que Mendel fue el primero en demostrar que cada gen, del cual depende la heredabilidad genética, permanece inalterado de generación en generación. Esta es la norma general que tiene validez universal, a pesar de las limitaciones y de las muchas variaciones de las que la naturaleza sea capaz. Podemos encontrar respuesta sobre todo esto en la experiencia diaria: no hay dos machos, animales o plantas, que podamos describir como completamente idénticos, aunque manifiestan todos los rasgos de su especie y normalmente un parecido familiar también.

Los elementos principales de las Leyes de Mendel pueden ser mejor comprendidos mencionando el clásico ejemplo que aparece en todos los manuales de selección genética. El caso más sencillo es el de un cruce entre dos flores de jardín, una blanca y una roja, de la planta llamada "dondiego de noche", *Mirabilis jalapa*. Los primeros logros de este cruce (así llamado, F1) no son blancos ni tampoco rojos, sino de color rosa.

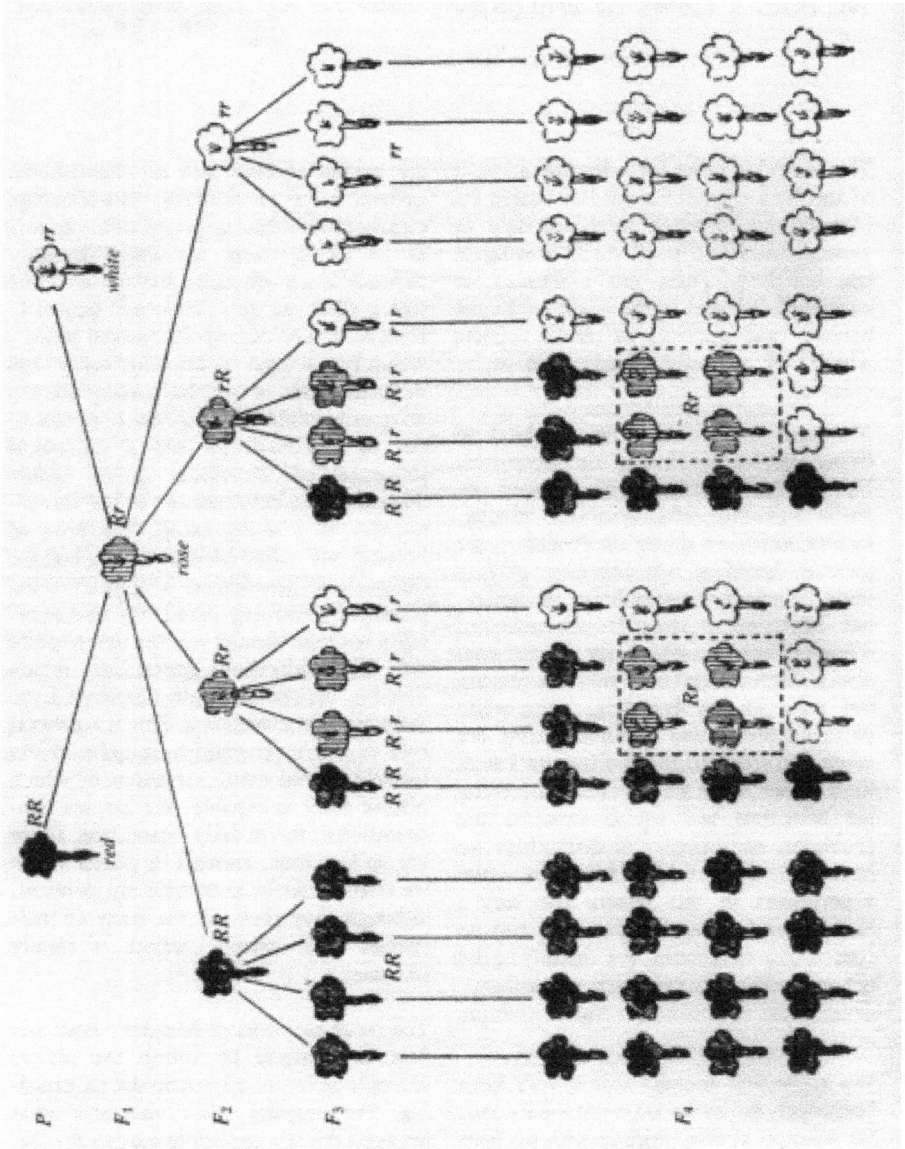

Un cruce entre dos variedades de *Mirabilis jalapa* muestra la heredabilidad intermedia
(de Armbruster)

Mendel descubrió que el color rosa se cruza con el rojo, y en la segunda generación (F2) tiene lugar la segregación. Sobre cuatro individuos, dos son nuevamente rosas, pero uno es rojo y otro es blanco. Estos últimos son autofecundados, es decir, reproducidos en endogamia, y producen una idéntica descendencia de ellos mismos, o sea, blanco y rojo puro. Por otro lado, los individuos de color rosa, si son autofecundados, producen individuos en la misma proporción dada en la F2, es decir, dos rosas, uno rojo y uno blanco. Aquí, en pocas palabras, tenemos los principios basilares del mendelismo: en la F2 la segregación actúa en una proporción 1:4, 2:4, 1:4 por cada pareja de características. En el ejemplo recién descrito, las flores de color rosa son reconocidas en seguida como cruce, mientras que los individuos blancos y rojos, cuando se reproducen en endogamia, darán siempre flores blancas y rojas puras. Mendel diferenció los factores hereditarios utilizando letras: al factor rojo le atribuye la letra mayúscula "R", y a la flor blanca la letra "r" minúscula. Todas las células germinales de las plantas rojas puras contienen siempre el mismo factor "RR", aquella blanca pura el factor "rr", mientras que las cruzadas contienen los factores "Rr" o "rR". En este cruce, F1 es una especie de intermediario, dado que no es rojo ni tampoco blanco; es rosa. Este fenotipo intermedio en la F1 no es un caso invariable. Un ulterior ejemplo nos ayudará aclarar este punto.

Un cruce entre un caracol blanco y un caracol estriado en la F1 produce un caracol blanco. En este caracol, el factor blanco prevalece sobre el factor estriado y es definido como dominante. En tal caso, cuando en la F2 se obtiene la segregación, el resultado son tres individuos blancos y uno estriado. Este caracol estriado con el factor recesivo y la fórmula "rr" no tiene ulterior segregación; siempre tiene una selección pura. De los tres caracoles blancos, dos son cruzados y segregarán en la misma proporción que tenemos en la F1. El caracol blanco puro, que se reproducirá siempre puro, puede ser localizado solamente recurriendo a la endogamia. Por lo tanto, tenemos aquí dos modelos de color reconocibles a primera vista de los tres casos de la planta "dondiego de noche". Las proporciones son 3:4 caracoles blancos y 1:4 caracoles estriados, aunque los genes quedan 1:4 "AA", 1:4 "aa" y 2:4 "Aa".

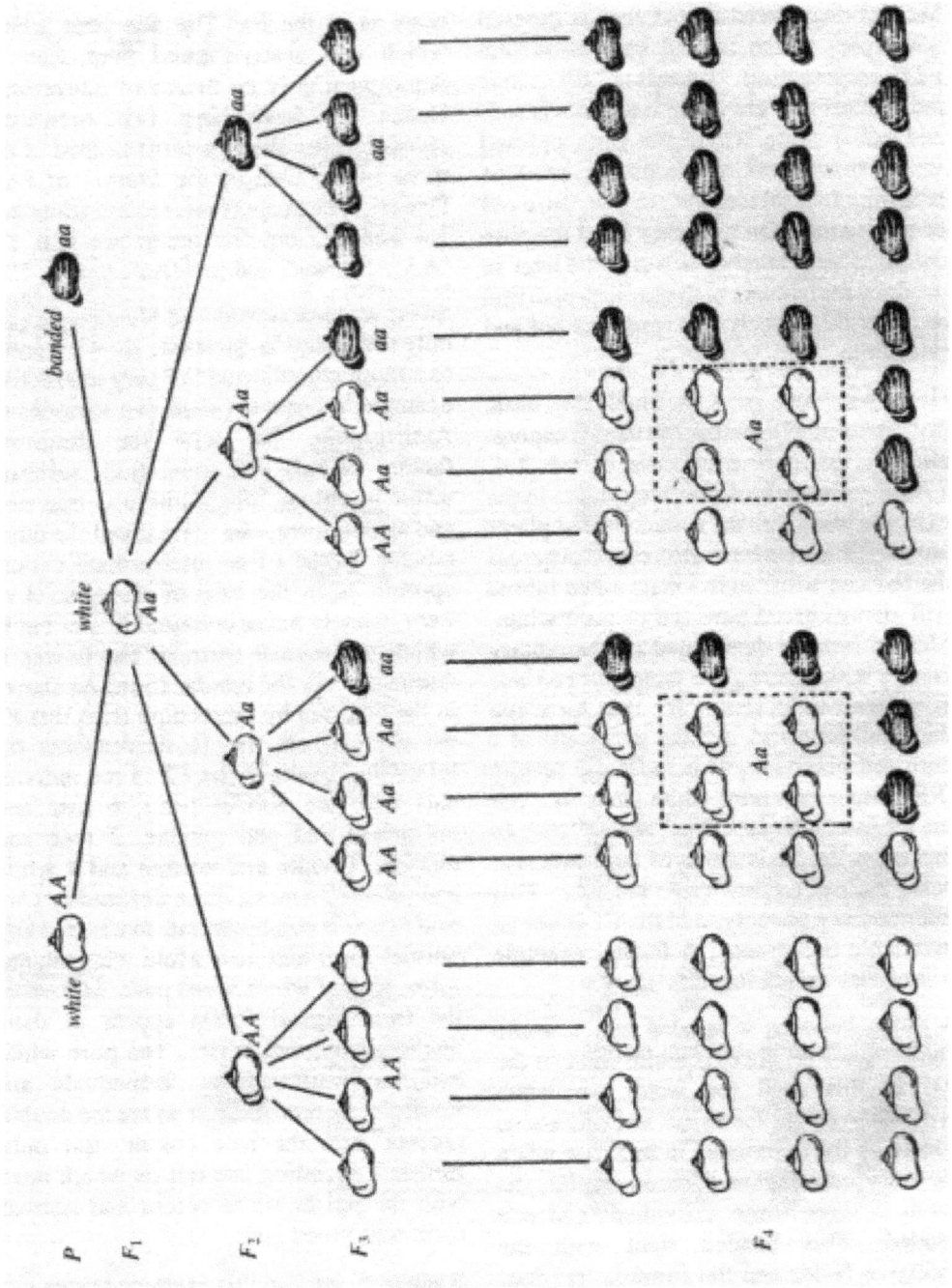

Un cruce entre dos variedades de caracoles, en ete caso un ejemplo de la dominancia del carácter blanco sobre el estriado (de Armbruster).

Hasta ahora hemos considerado el Mendelismo en el que entran en juego solamente dos genes. Ahora pasamos a un ejemplo más complicado pero muy instructivo, el cruce entre dos variedades de "Boca de dragón" (*Antirrhinum*), en el cual los factores dominantes están presentes en una sola pareja. Ambas variedades difieren en el color, donde una es blanca y otra es rosa, y también en la forma, donde una es normal mientras la otra es tubular. En la F1 aparece una variedad intermedia, como en el caso de la "Dondiego de noche", y precisamente una flor de color rosa en la cual domina la forma de la flor normal, y no aquella tubular. Como se demostró en el diagrama, reproduciéndose con autofecundación, a partir de este F1 con 16 descendientes obtenemos en la F2 los siguientes resultados: 3 individuos rojos de forma normal, 6 rosas y normales, 1 rojo y tubular, 2 rosas y tubulares, 3 blancos y normales y 1 blanco y tubular. Entre estos descendientes encontramos 2 nuevas combinaciones, es decir, la forma roja y normal y blanca con forma tubular, ambas con descendencia pura. Además, las dos formas originales aparecen en la inalterada pureza original. Los individuos blancos puros y tubulares puros son inmediatamente reconocidos, como lo son los dobles cruces de color rosa. Pero solamente una ulterior reproducción endogámica nos puede decir cuáles entre aquellas de color rojo y blanco con forma normal se reproducirán en pureza.

Me parece que este ejemplo demuestra con gran claridad el tipo de segregación que tenemos que tener en mente para la selección cruzada de las abejas. De hecho, la experiencia práctica nos enseña que esto no es solo simple teoría. La uniformidad de las características exteriores en la selección de las abejas no es garantía de la pureza sobre la heredabilidad. Solamente sucesivos apareamientos endogámicos pueden producir individuos que se reproducen en línea pura. Un número mínimo de 16 es absolutamente necesario para obtener los tipos indicados.

Se podrían citar muchos otros ejemplos de cruces y segregaciones más complicados en la F2, pero creo que no hay aquí ningún particular interés en explicarlo, dado que nos estamos ocupando de la selección de las abejas.

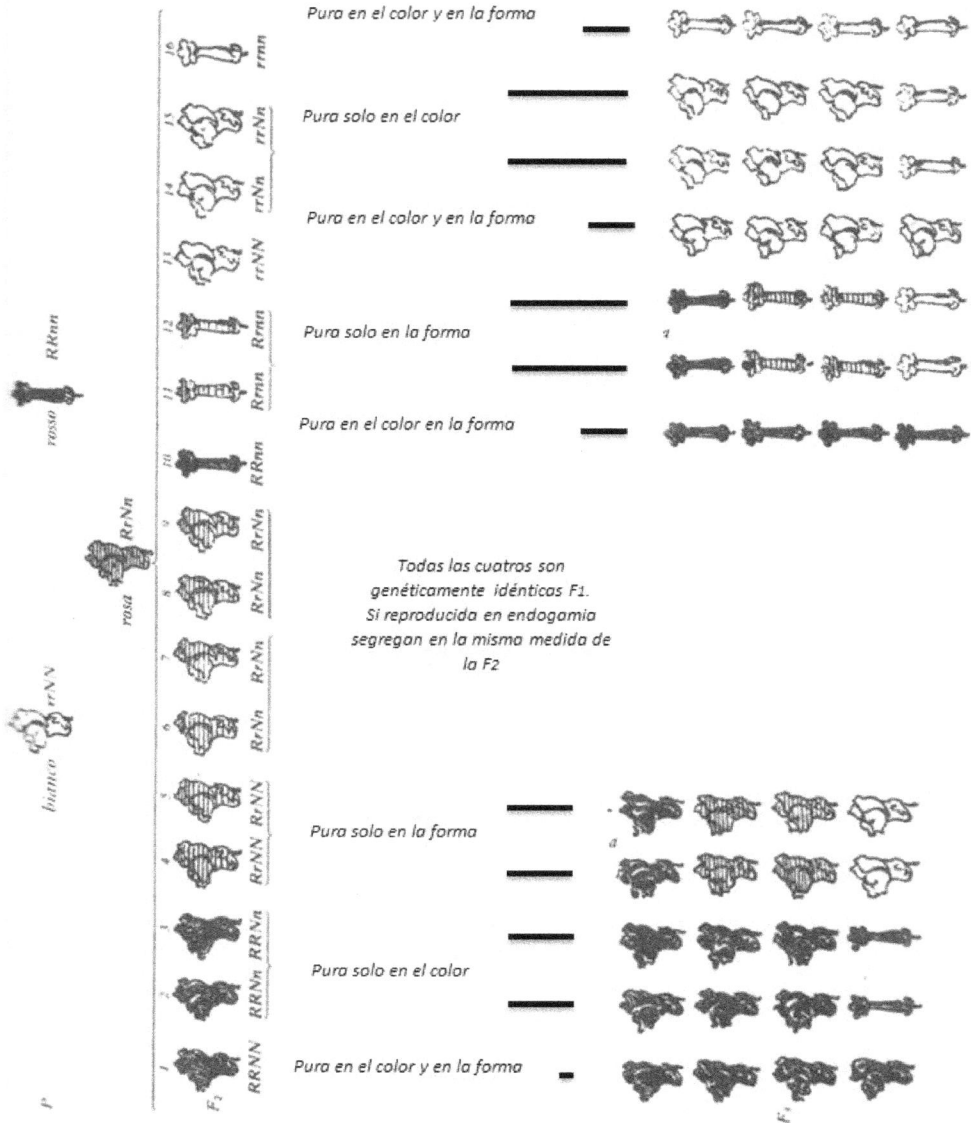

"Boca de dragón" (*Antirrhinum*). Un interesante caso de heredabilidad intermedia en el color y en la forma, con una dominancia por un lado y recesividad por el otro (de Armbruster).

Los tres ejemplos que hemos explicado anteriormente muestran claramente los puntos esenciales del mendelismo y su importancia para la selección científica. Con los datos que obtuvo Mendel, demostró que las proporciones de los factores individuales permanecían constantes en el tiempo, y que no se mezclaban, sino que mantenían su individualidad de una generación a otra. Además, es de particular importancia para el fin de la selección práctica, pues aunque tenga validez la regla general de que estos factores individuales se seleccionan independientemente el uno del otro, esto no siempre ocurre. Se puede llegar a seleccionar individuos con nuevas selecciones de los factores hereditarios. Como hemos visto en el caso de las dos variedades de "Boca de Dragón", es posible obtener un intercambio y la combinación de los colores rojo y blanco con la forma normal o tubular. Obviamente, esta posibilidad no está limitada a los factores externos, pero se extiende a la mayor parte de las disposiciones hereditarias.

Todo esto pone de relieve que, cuando se obtiene el cruce, se nos ofrece la posibilidad de sintetizar a placer los genes que están a disposición, y también producir nuevas combinaciones que contesten mejor a nuestras actuales necesidades. Además, cuanto más numerosos sean los factores a nuestra disposición en un cruce, más numerosas serán las segregaciones y más amplia la variedad entre diferentes individuos y sus formas exteriores.

En un cruce a cuatro podemos obtener 16 diferentes células germinales o gametos que son producidos en la F1, y que representan 256 posibilidades para ulteriores reproducciones. No menos de 16 de éstos, que segregan en la F2, son tipos y combinaciones completamente nuevas que se reproducirán en pureza. Las posibilidades de un tipo de cruce con cuatro caminos pueden ser ilustradas con el clásico ejemplo de un cruce entre dos tipos de cebada. Los dos tipos difieren por cuatro características:

1. Recto o reclinado (postura)
2. Con capucha o con punta (cesta)
3. A dos filas o a cuatro filas (espiga)
4. Con cáscara blanca o negra (color)

En la foto de la siguiente página encontramos en el centro la F1. Esta es 1) reclinada, 2) con capucha, 3) a dos filas, y 4) negra. En los otros grupos hay 16 homocigotos, de los cuales 2 representan la pareja original y las otras 14 nuevas combinaciones.

La endogamia produce en la F2 una reagrupación de las características que nos ofrece la llave para crear nuevas combinaciones de caracteres. Es de esta manera, que en millones de años se han formado las numerosas y apreciadas variedades de las cuales hoy en día disponemos. Esto se ha verificado tanto por planificación como por casualidad en cada forma de vida: animales, plantas, diferentes variedades de bayas y frutos. Siempre ha sido así, también hace muchísimos años, cruces casuales sobre variedades de trigo silvestre han producido los tipos que tenemos hoy en día, cuyas formas originales ahora ya no existen. Es probable que el desarrollo de estas variedades comenzase a lo largo de millones de años y no en un determinado momento. Ulteriores desarrollos de estas líneas son actualmente posibles gracias a una atenta selección genética.

Los resultados más notables hasta ahora se han obtenido en las plantas. Aquí el seleccionador dispone, no solo de un número casi ilimitado de muestras por cada posible selección, sino también una rápida sucesión entre una generación y la siguiente. Estas dos ventajas, en general, no son válidas en los animales domésticos. Así pues, como veremos, la abeja melífera es una excepción (afortunadamente en cuanto a las ventajas), aunque no en la misma medida que las plantas.

Una manera sencilla para el aprendiz de seleccionador a la hora de obtener una visión de conjunto sobre todos los posibles cruces en la F2 es construir una especie de tabla. En la esquina superior derecha se indican los gametos masculinos o su simbología y en la esquina superior izquierda los gametos femeninos o su simbología. En los cuadritos se pueden escribir símbolos o letras, primero los de la esquina derecha superior y luego los de la esquina izquierda superior de la tabla. De esta manera es imposible olvidar ninguna de las posibles combinaciones. En el caso de la flor "Dondiego de noche" hay cuatro posibles combinaciones: "RR", "rr", "Rr" y "rR". Las últimas dos producen diferentes descendencias, aunque son del mismo genotipo. Cuando nos ocupamos de un cruce que comprende dos parejas de características necesitamos 16 cuadritos. Con tres características, 64 cuadritos; con cuatro características, 256, como se puede ver en el diagrama de las siguientes páginas. En la diagonal trazada desde la esquina izquierda superior hasta el ángulo derecho inferior tenemos los individuos que disponen de una doble pureza. Para efectuar la segregación de estos últimos, de la misma manera que en la F1, es suficiente con recurrir a la endogamia.

El clásico caso del cruce en el trigo, que da como resultado 14 diferentes nuevas combinaciones (de Armbruster).

La raza pura teniendo en cuenta estas leyes

Muy a menudo se habla de una cárnica "pura", de una ligística "pura", y así sucesivamente. Pero, a la luz de las leyes de Mendel, está claro que esto es aplicable a un número de características relativamente estricto, como es el caso del color rojo y blanco de la "dondiego de noche". En realidad, es bastante difícil encontrar individuos que puedan ser definidos simplemente como raza pura; en todo caso, prescindimos de algunas particulares formas de vida que se multiplican con una simple división binaria. En estos individuos, el conjunto completo de los genes son transmitidos de manera invariable, como ocurre cuando la autopropagación es el método normal de reproducción. Además, en estas formas, dentro de los límites impuestos por la heredabilidad, un lugar favorable o desfavorable puede impedir o favorecer el desarrollo o el crecimiento. Por ello, para estas particulares formas de vida, no entra en juego ninguna forma de selección. Solamente donde haya formas con heredabilidad compleja es posible que podamos seleccionar y hacer uso de apareamientos controlados, para intensificar y fijar características que deseamos y para eliminar aquellas indeseadas. Sobre todo, de esto se deduce que la única manera posible de obtener unos progresos en el mundo animal y vegetal es el cruce selectivo. Para nuestra manera de seleccionar, esto conlleva un objetivo claramente definido, la selección correspondiente y a continuación una línea selectiva. La historia del desarrollo de los seres vivos y la experiencia práctica confirman esta conclusión. Así pues, como acabamos de remarcar, un alto grado de pureza racial conlleva prácticamente, a menudo, una fundamental pérdida de vitalidad.

Un punto a tener en cuenta en relación a esto respecto a la abeja es que, debido a los apareamientos múltiples, tenemos reinas que son al mismo tiempo fecundadas en pureza y de manera mixta. La progenie de estas reinas que han tenido fecundaciones diferentes será en parte pura y en parte mixta. Por lo tanto, con una atenta selección, es posible criar reinas de tipo absolutamente puro a partir de descendientes de diferentes colores. Esta conclusión deriva de la teoría, pero está también confirmada por diferentes resultados prácticos.

La aplicación del mendelismo en *Apis mellifera*

Brevemente hemos descrito las leyes de la genética extraídas de los experimentos de Mendel. Estas constituyen los principios fundamentales de nuestro trabajo de selección en *Apis mellifera*. Creo que no sería de ninguna utilidad tratar aquí los casos de heredabilidad más complejos, problemas que, en el caso de la abeja, no se presentan. Una vez más, tengo que volver a recomendar al lector interesado los manuales que se ocupan de este argumento. Quisiera concentrarme en la particular posición ocupada por parte de la abeja en el contexto de las leyes de Mendel.

A excepción de la partenogénesis y el apareamiento múltiple, las leyes de Mendel se aplican perfectamente a la abeja. La única excepción es que el resultado de la segregación y las proporciones numéricas son diferentes. Pero los factores hereditarios se conservan en su pureza original exactamente como en las otras formas de vida, aunque no de la forma lineal del mundo animal y vegetal, sino de una manera más tortuosa.

De hecho, obtuvimos una F1 que correspondía, en parte, a las Leyes de Mendel; pero estas progenies no descienden de un padre, como en otras formas de vida, sino de unos padres desconocidos e intermediarios. Ocurre también que las descendencias femeninas de cada reina son solamente hermanastras, y no hermanas por completo, como en los casos comunes. Naturalmente, cada abeja tiene un solo padre, y, al mismo tiempo, cada colonia está compuesta de una serie de grupos de súper hermanas que tienen unas características genéticas idénticas, o sea, son hijas de un particular zángano que se apareó con la reina. Un zángano no tiene hijos machos, solamente nietos: él mismo no tiene padre, y sus factores hereditarios corresponden a los de sus abuelos. Como consecuencia, en el primer cruce no tenemos zánganos F1, porque estos aparecen solamente en la siguiente generación.

Los dos factores de la partenogénesis y del apareamiento múltiple, especialmente el primero, nos impiden obtener, conforme a las leyes de Mendel, la segregación y la producción de nuevas formas en la F2. Lo cierto es que disponemos de la segregación en la progenie femenina del primer cruce, pero en aquella masculina ocurre solamente en la F2, y aun así ésta se manifiesta solamente en un número indeterminado de hermanos. Podemos, entonces, construir una tabla con los diferentes gametos de la reina en la esquina izquierda y algo parecido de los zánganos en la primera línea horizontal superior. De esta forma podemos mostrar los respectivos gametos de los hijos machos de una F2. Ambas series de gametos, aquellos de la madre y aquellos del padre, en su composición, son idénticos. Así que, en el caso de la abeja, la simbología en la línea superior representa individuos machos, cada uno capaz de transmitir entre 10 y 11 millones de espermatozoides con igual composición genética, correspondientes a la misma de la cual descendió el mismo zángano. Esta es una de las consecuencias inevitables de la partenogénesis.

Naturalmente, es necesario tener claro que los apareamientos de los que estamos hablando no son apareamientos casuales con zánganos de origen desconocido. Ningún seleccionador serio podría confiar en encuentros fortuitos. Los cruces de los que nos estamos ocupando se producen, o bien a través de la inseminación instrumental, o por apareamientos seleccionados en un apiario de fecundación perfectamente aislado. Además, tenemos que tener a disposición solo razas e individuos con rasgos y características físicas que sean claramente distinguibles. Sin estos requisitos basilares no es posible desarrollar una selección según los modernos criterios científicos.

Para aclarar los principios fundamentales requeridos por una selección que siga las líneas establecidas por parte de Mendel, quisiera hacer referencia a la tabla en las siguientes páginas de este capítulo, en la cual hay un ejemplo de un cruce a tres, realizado cruzando dos tipos en los cuales los colores son completamente contrarios, es decir, *nigra y áureo*. Si bien se trata de un hipotético caso, esto nos indica las líneas guías esenciales que tendríamos que observar en la selección de las abejas. El objetivo de este cruce es transferir la apertura alar y la fuerza de las alas de la negra a la áurea, algo para nosotros muy ventajoso. Hay otras características que tienen que ser tomadas en consideración, pero estas pueden ser fijadas sin gran dificultad.

Siguiendo la costumbre inaugurada por Mendel, indicamos las características en cuestión identificándolas con letras del alfabeto. Para las características dominantes es utilizada una letra mayúscula, para las recesivas, una minúscula. Por lo tanto, en el caso del que estamos hablando, la negra es definida con "SS" por el negro, "LL" por la gran abertura alar, y "dd" por la pelusa escasa. El áurea está indicada con "ss" por el color dorado, "ll" por la abertura alar reducida, y "DD" por la pelusa tupida. La negra pura presenta entonces las características hereditarias en la forma "SSLLdd", mientras que la áurea, en aquella "ssllDD": la F1 tendrá "SsLlDd". Como nos enseña la experiencia, las características de la negra son dominantes sobre la áurea, como también sobre aquellas de casi todas las otras razas.

No nos preocupamos aquí de las diferentes formas intermedias.

Como se puede observar en la tabla, la segregación de las tres parejas de características produce 8 diferentes tipos de gametos, que, a su vez, con una apropiada autogamia, producen 64 diferentes posibilidades de fecundación. Pero entre estas nos interesan solamente las colocadas en la diagonal que empieza arriba a la izquierda y termina en la parte inferior a la derecha, porque solamente estas nos dan las 6 nuevas combinaciones y las 2 razas madres originales, con sus características originales e idénticas. También los otros 6 individuos son de pura raza, naturalmente solo en lo que concierne a las características en cuestión. Pero éstas incorporan unas cantidades de características que están relacionadas entre ellas y nos dan una selección pura. Entre ellas está el tipo "ssLLDD", que es la áurea con gran abertura alar.

Para obtener estas nuevas combinaciones necesitamos un mínimo de 64 reinas jóvenes. En consideración del apareamiento múltiple, solo raras veces un apareamiento puro dará como resultado zánganos "SLD" a partir de los 8 grupos de zánganos requeridos. Esto ocurre raramente también en los apiarios más aislados y seguros, incluso si seleccionamos minuciosamente el número de zánganos idénticos deseados a través de las características exteriores y los llevamos al lugar de apareamiento. Lo que nos puede ahorrar todos estos problemas y trabajos suplementarios es la inseminación instrumental. Desde una cierta cantidad de jóvenes reinas podemos elegir un restringido número con características "SLD", que podemos identificar a partir de su aspecto exterior.

Si bien, como ya he dicho, este es un caso hipotético, no es en absoluto una pura especulación, sino que está basado sobre la experiencia concreta. Todavía hay que remarcar que, cuando se trabaja sobre una multiplicidad de características (y es esto lo que queremos hacer en la práctica), en la mayoría de estos cruces se verifica una cantidad indefinida de posibles segregaciones y selecciones. Es verdad que el número puede ser calculado de manera matemática, pero en realidad es casi ilimitado. Trabajando las abejas tenemos una gran ventaja, la cual es compartida por su mayoría, también por parte de los seleccionadores vegetales, o sea, que tenemos a nuestra disposición un gran número de individuos con los cuales podemos hacer selección, y, como consecuencia, también una rápida sucesión sobre las generaciones. Estas son dos importantes ventajas que están negadas a los seleccionadores de animales. Sin embargo, a pesar de estas ventajas, es difícil obtener las ideales combinaciones. Pero, como la experiencia nos enseña, podemos acercarnos por aproximación al ideal que nos proporciona resultados apreciados. Estas aproximaciones llevan un paso tras otro, de manera que gradualmente nos acercamos al ideal que estamos persiguiendo.

Una vez establecido un preciso objetivo que fijar, y alcanzado un grado de consanguinidad adecuado para el objetivo deseado, la selección por cruce entre abejas pone a nuestra disposición ilimitadas posibilidades.

El rol dominante que juega la partenogénesis quizá nos indica que las leyes de Mendel no se aplican a la selección de las abejas. Esto es un error. El origen de los zánganos de una reina virgen y el apareamiento múltiple son obstáculos solo aparentemente. De hecho, son estos dos factores los que nos permiten llegar a una síntesis de nuevas combinaciones genéticas con menor dificultad respecto a otras formas de selección. Los machos, con su apropiada conformación genética, están siempre a nuestra disposición en gran número. Además, gracias a la partenogénesis, los millones de espermatozoides producidos a partir de un solo macho, desde un punto de vista genético, son todos idénticos. Esta identidad garantiza la máxima estabilidad de los factores hereditarios en la descendencia. Debido a la transmisión haploide, un zángano puede transmitir solamente aquellas características que están presentes en el huevo desde el cual se generó. En el zángano no hay dominancia, ni nada que esté escondido detrás de una apariencia exterior de pureza o de los colores mezclados de un cruce. Nunca podrá envolverse de tradicionales colores, y, por esto, es posible con la inseminación instrumental seleccionar zánganos que tengan forma genética "SLD", es decir, individuos que tengan rayas amarillas y uniformes, la máxima abertura alar y un espeso vello. De igual manera, en el caso de que se prefiera un apareamiento natural, se puede seleccionar el zángano manualmente, con el objetivo de obtener el número requerido para la estación de apareamiento.

Sin estas posibilidades teóricas y prácticas, aplicar las leyes de Mendel en las abejas no sería posible. Seríamos capaces de obtener una selección y una estabilidad de las nuevas combinaciones, por lo cual resultaría imposible cualquier logro. Tendríamos, entonces, que resignarnos para siempre con el conjunto de razas de abejas hoy en día presentes.

NIGRA (SSLLdd)	ÁUREO (ssllDD)
S= negro	S= dorada
L= alas largas	l= alas cortas
d= Pelusa escasa	D= Pelusa tupida

F1 SsLldD

F2 / F1	SLD	SLd	SlD	Sld	slD	sLd	slD	sld
SLD	SSLLDD							SsLlDd
SLd		SSLLdd					SsLldD	
SlD			SSllDD			SsLLDd		
Sld				SSlldd	SsLldD			
slD				sSLlDd	ssLLDD			
sLd			sSLldD			ssLLdd		
slD		sSllDd					ssllDD	
sld	sSlldD							sslldd

En la línea diagonal que comienza arriba a la izquierda y que sigue hacia abajo a la derecha están colocadas las nuevas combinaciones efectivas. Padre y madre originales están marcados en negrita. En la otra diagonal están puestos los heterocigotos múltiples.

Cromosomas y división reduccional

Mendel no tenía idea sobre los cromosomas y la división celular. Pero, como enseñan sus escritos, tenía la sospecha de que aquellas unidades que son portadoras de las características y están unidas al resultado de un cruce, de alguna manera se separan, y son transmitidas independientemente. Desde la época de Mendel, los progresos realizados con los microscopios y en la citología han confirmado sus hipótesis. Aunque hoy en día el progreso que regula la heredabilidad sea notorio y conocido por todos, será útil exponer los principales puntos sobre los cromosomas y sobre la división celular, para obtener de esta manera una mejor comprensión sobre lo que vamos a abordar.

Alrededor de 1838, definitivamente se estableció que la unidad de la estructura y de las funciones de todos los seres vivos, tanto plantas como animales, era la célula. Este descubrimiento debe ser considerado como uno de lo más importantes de toda la historia de la biología. La estructura de cada célula es fundamentalmente la misma: ésta está constituida por una sustancia viva, el citoplasma, dentro del cual se encuentra el núcleo, una especie de vesícula. Los cuerpos de los seres vivos están constituidos por células que, a pesar de las diferentes funciones, son fundamentalmente idénticas. Los órganos sensoriales están formados por células sensoriales; los nervios, de células nerviosas, y así sucesivamente. Por lo que difieren en sus formas, en el aspecto y función, todas tienen dos factores invariables, el citoplasma y el núcleo. Si volvemos atrás, hasta llegar al huevo de donde provienen los diferentes tipos de células poseídas por un ser vivo perfectamente desarrollado, cuanto más retrocedamos, encontraremos más células que van apareciendo. Está claro que la fuente original del desarrollo, que es la célula huevo, dentro de sí misma contiene todas las posibilidades futuras y las características de cada ser vivo, que consiste, como de hecho ocurre, en millones de células derivadas de una constante escisión. Gracias a un microscopio con 1.000 aumentos podemos ver los cromosomas que contienen los genes. En los últimos análisis, los cromosomas son los órganos de la transmisión hereditaria y la escisión celular, el medio gracias al cual un ser vivo se desarrolla.

Cada tipo de ser vivo tiene un número fijo de cromosomas. En las abejas, las reinas y las obreras tienen 32, los zánganos, 16.

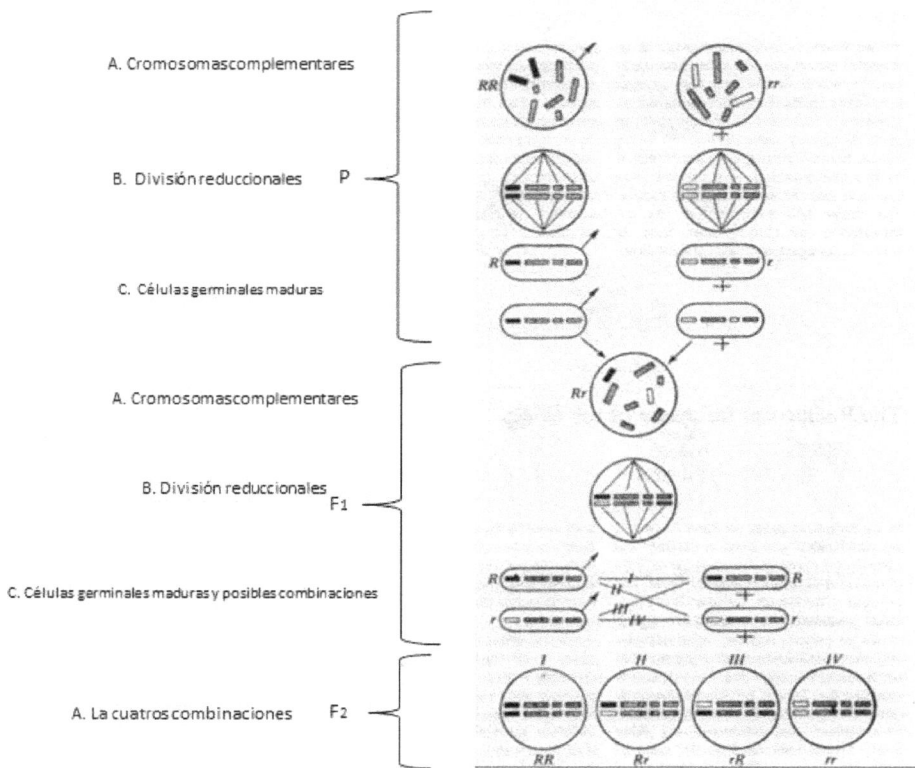

A. Cromosomascomplementares

B. División reduccionales　　P

C. Células germinales maduras

A. Cromosomascomplementares

B. División reduccionales　F1

C. Células germinales maduras y posibles combinaciones

A. La cuatros combinaciones　F2

Diagrama representati vo de una división reduccional (Armbruster).

El *apis indica* o *ceranea* tiene el mismo número de las diferentes formas de Apis *mellifera*. Pero la abeja gigante, *apis dorsata*, como también la abeja chica, *Apis florea*, tienen solamente 16 cromosomas en la parte femenina y 8 en la parte masculina. Los cromosomas, normalmente, varían por dimensión y forma, pero son igualmente invariables en el caso de una especie distinta, y pueden ser identificados solamente en un momento concreto de la escisión celular. Además, los cromosomas maternos y paternos pueden unirse solamente con cromosomas de la misma forma y dimensión. Obviamente, esto es así para asegurar el doble desarrollo de las características particulares. Técnicamente, estos genes recíprocos son denominados *alomorfos*. Con el microscopio, habitualmente, los cromosomas se parecen a cables enredados ente ellos. Durante la división reduccional, éstos se disponen en parejas recíprocas. La segregación de los cromosomas y la reducción de un doble set hacia uno individual ocurre en el huevo y en el esperma poco antes de la fecundación. Esta reducción de los cromosomas a la mitad de su número es una medida esencial, porque, de otra manera, por cada generación, su número se duplicaría. El progreso de la división reduccional viene indicado gráficamente en el diagrama anterior.

Cada característica de los seres vivos que sexualmente se reproducen está determinada por dos cromosomas, uno que proviene de la madre y uno del padre. El zángano constituye una excepción. En el momento de la fecundación los cromosomas se juntan en pareja, pero son nuevamente separados en la división reduccional, y luego reunidos en una serie de nuevas combinaciones. Como ya he indicado, Mendel proponía un *modus vivendi* de este tipo bastante antes de que se descubriera la existencia de los cromosomas, su proceso de segregación y de recombinación: un ejemplo de cómo la mente y el intelecto pueden prever lo que después ha sido acertado y verificado a través la visión moderna.

La influencia recíproca de los genes

En las anteriores páginas hemos hablado de la relación que en los cromosomas existe entre los genes, y las precisas características que de ellos depende. El ejemplo de las flores, el "dondiego de noche", puede dar la impresión de que cada gen produce una característica definida, sin la influencia de otros genes, o bien, por ponerlo de otra manera, que cada gen, por ejemplo, aquel del color rojo, tenga una sola función exclusiva, que actúa con completa independencia respecto a otro gen. Todo esto está muy lejos de la verdad, dado que cada gen realiza una cantidad diferente de características, en muchos casos simultáneamente. Esto tiene que ser considerado la norma, y cada vez que un gen tenga influencia en una característica individual se entiende como una excepción. De hecho, tenemos que concentrarnos en el intercambio de genes y sus logros combinados en la producción de cada característica, incluso si en último análisis es un determinado gen que nosotros tenemos que asignar al resultado final.

Un clásico ejemplo del trabajo de equipo de los genes podemos verlo en la transmisión de las diferentes formas de cresta en los pollos. Este ejemplo demuestra las sorpresas que, tal vez, encontraremos en la selección. En el diagrama en la siguiente página están mostrados cuatro diferentes tipos de crestas. Un cruce entre una cresta con forma de guisante con una forma de rosa produce en la F1 una cresta con forma de nuez. Cuando los cruzamos entre ellos, en la F2 encontramos 9 individuos con la forma de la nuez, 3 con forma de rosa, 3 con forma de guisante y 1 con una simple cresta. Aquí tenemos los genes que producen la cresta con forma de guisante y de rosa que producen dos ulteriores formas de cresta, de nuez y simple. Estas últimas formas se encuentran en otras razas, pero no se encuentran en el padre o en la madre de las cuales nos estamos ocupando. Aunque, sino podemos esperar ver resultados parangonables en la selección de las abejas, aparecen cosas sorprendentes, no solamente sobre el color y otras características externas, sino también aquellas fisiológicas.

Es sabido que, en el caso de los ratones y conejos, pocos genes producen tonalidades casi infinitas en el color del pelaje – gris, negro, azul, amarillo y plateado. En el caso de la abeja, el color varía entre azulado, negro, marrón, limón, naranja y oro oscuro; mientras que las patas pueden ser blancas, grises, amarillas, marrones y azuladas. En los ratones encontramos también un gen responsable del cambio de color, un gen que fija el color y también genes que proporcionan un color reluciente y opaco. En las abejas, podemos distinguir entre el negro, marrón, amarillo y oro. Pero dentro de esta gama de colores tenemos el negro azulado de la "*nigra*", el color cuero de la autentica ligústica, y el naranja de las razas del Medio Oriente, que es distinto respecto al color dorado de las italianas. Además, no tenemos que olvidar los muchos matices intermedios entre los colores que se pueden preservar. Aunque éstos se deben a un menor número de colores basilares respecto a lo que ocurre en los ratones y conejos, no hay duda de que están causados por la recíproca influencia de una serie de factores hereditarios o genes.

A menudo se ha pensado que el color amarillo, llamado dorado, se debe a un cruce entre la ligústica y la chipriota. Nuestra experiencia de selección ha demostrado, sin embargo, que este color oro oscuro, que normalmente cubre cuatro o cinco segmentos, es siempre el resultado de un cruce entre la oscura abeja de Europa occidental y la ligústica. En el otro extremo tenemos la "negra", de color negro azulado. Esta parece ser un caso de atavismo, una regresión hacia la progenie primordial del grupo de las razas de Europa occidental, la *intermissa*. La "*nigre*" y la intermissa no son idénticas solamente en el color, sino en casi todas las otras características.

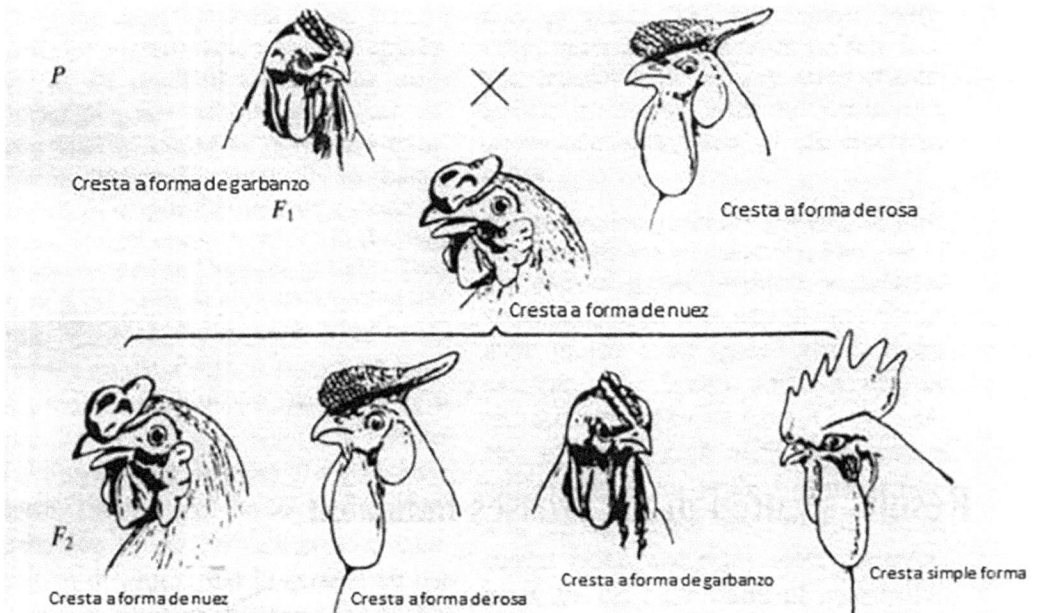

Tipos de cresta en los pollos. Explica cómo un cruce puede dar origen a características que no se manifiestan en la variedad original (Goldschmidt).

Resultados conseguidos en los cruces indicados

	a	b	c	d	e
En cruce individual	1	$2^1 = 2$	$(2^1)^2 = 4$	$3^1 = 3$	$2^1 = 2$
En cruce doble	2	$2^2 = 4$	$(2^2)^2 = 16$	$3^2 = 9$	$2^2 = 4$
En cruce triplo	3	$2^3 = 8$	$(2^3)^2 = 64$	$3^3 = 27$	$2^3 = 8$
En cruce cuádruplo	4	$2^4 = 16$	$(2^4)^2 = 256$	$3^4 = 81$	$2^4 = 16$

a) Número de parejas de características

b) Número de gametos distintos derivados de una F1

c) Número de posibles combinaciones

d) Número de genotipos

e) *Número de genotipos distinguibles exteriormente – correspondientes a fenotipos en una F2 si cada característica resulta enteramente dominante.*

Transmisión de los polímeros

Tenemos ahora que entrar en otro aspecto importante de la interacción de los genes. Cuando una particular característica aparece como el resultado de un mayor o menor número de genes que se combinan entre ellos, tenemos el fenómeno llamado transmisión de los polímeros. Esto se refiere especialmente a las características de naturaleza cuantitativa, como la longitud, el peso y la dimensión, que de esta manera se acentúan y se ponen en evidencia. Estas son de gran valor en la selección en general, y juegan una parte imprescindible en nuestro trabajo de selección de las abejas. Podemos, por ejemplo, necesitar una abeja que sea fuerte de alas y que tenga una lígula larga, ya que hay que pecorear en el trébol rojo. En ambos casos entran en juego capacidades que son de naturaleza prevalentemente cualitativa; la determinación del color se debe, sin duda, a la interacción de una combinación de genes, y, en general, todos nuestros esfuerzos buscan incrementar la calidad de las características. Las prestaciones de las abejas son causa, con pocas excepciones, de factores cualitativos especiales; la mansedumbre es un clásico ejemplo de intensificación de los polímeros.

Es sabido que, entre un temperamento extremadamente templado y uno extremadamente agresivo, hay todas las graduaciones que podemos imaginar. Lo mismo sirve para la resistencia y la vulnerabilidad hacia las enfermedades. Ha sido claramente demostrado que las características de las abejas que no remontan a una combinación de genes son poquísimas. El apicultor que selecciona una línea, quiera o no quiera, basa su trabajo en este hecho. La intensificación de cada característica determinada se puede obtener solamente por medio de la suma de una serie de genes alelomorfos.

Los correspondientes genes, no solo están en parejas, sino normalmente en series completas. Cada una de las parejas de genes produce combinaciones diferentes, y como norma estas combinaciones diferentes son escalonadas en el desarrollo de estas caraterísticas. Si por ejemplo, "A" produce una determinada característica, entonces tenemos A2, A3, A4, etc. en la cual cada alelo representa un ulterior jardín en el proceso de la intensificación. La longitud de las alas y de la lígula, el índice cubital y muchas más caraterísticas son el claro resultado de alelos cuantitativos. Tenemos que reconocer también el importante rol jugado por estos alelos cuantitativos en la selección, no hay duda de que el alelo cuantitativo tiene un rol muy importante. Hay notables diferencias en la dimensión entre las razas de abejas, debidas a la heredabilidad. Variaciones dimensionales dentro de una misma raza se deben normalmente a condiciones ambientales favorables o desfavorables. Esto último, en la crianza de reinas, es de gran importancia.

Características correlacionadas

Otro hecho con el cual tenemos que contar es que hay caraterísticas que están inseparablemente relacionadas las unas con las otras. Cada ser vivo posee un determinado número de cromosomas, establecido por su especie. La mosca de la fruta (*Drosophila melanogaster*) tiene solamente cuatro parejas de cromosomas, y, sin embargo, hubo descubrimientos de más de 500 genes. Las abejas reinas y las obreras tienen 32 cromosomas, mientras que el zángano, individuo haploide, tiene solamente la mitad, o sea, 16. Entonces, en cada cromosoma encontramos una serie de genes que, no solo ejercen su propia influencia sobre un amplo espectro de caraterísticas, sino que están aparejadas juntas de manera que son completamente o casi inseparables. Para superar este estorbo, la Naturaleza proporcionó una posible salida a través de un intercambio de cromosomas "vecinos", llamado "cross-over" (fusión). Es un argumento interesante, pero desde nuestro punto de vista, tiene un valor puramente académico. Lo que tenemos que tener en cuenta es que algunos genes están correlacionados de manera inseparable y que, aunque raramente, puede ocurrir esta fusión.

Tenemos que mencionar un ulterior punto. El aspecto tal vez parece indicar que dos o más caraterísticas están correlacionadas de manera inseparable. Esto significa que cuando una cierta combinación de caracteres se presenta más frecuentemente respecto a lo previsto, a veces tiene lugar una segregación de caracteres individuales. En tal caso, las proporciones conseguidas ofrecerán una explicación correcta.

Las limitaciones impuestas por parte de la heredabilidad

Hablando en términos generales, en el desarrollo de los genes tenemos que tener presente la enorme influencia ejercida por el medio, tanto en el mundo vegetal como en el mundo animal. Sin embargo, el medio no tiene una influencia directa sobre los mismos genes, sino solamente en su desarrollo. No hace falta mencionar ejemplos, dado que cada uno puede encontrar confirmación en las propias experiencias y observaciones. Una planta o animal en el lugar más apropiado se desarrollará como un ejemplar de primer nivel, mientras que aquellos colocados en un lugar equivocado, llegarán a ser, bajo diferentes puntos de vista, individuos deficientes. En ambos casos el desarrollo ocurre dentro de los límites impuestos a partir de los genes que estén presentes.

En cierta medida, tenemos que tomar nota del problema sobre las restricciones impuestas por los genes efectivos. El ciclo vital de una colonia, especialmente durante la selección y el desarrollo a partir del huevo hasta la abeja capaz de volar, ocurre a una temperatura que se mantiene casi constante, y con la humedad que puede ser regulada por parte de las colonias dependiendo de las necesidades. Hasta que haya reservas en las colonias de miel y polen disponibles, el flujo de néctar de temporada tiene poca importancia en el desarrollo de cualquier abeja. En el momento en que las reservas comienzan a faltar, una colonia normal tomará medidas, como por ejemplo restricciones sobre el consumo de reservas para evitar el completo agotamiento de las mismas. Estas restricciones se manifiestan a través de una reducción de la cría y la eliminación de los zánganos. Una colmena tiene la capacidad de defenderse contra las consecuencias de las condiciones adversas. Ella misma está equipada con maravillosas fuerzas instintivas para afrontar los obstáculos que, muy a menudo, provienen de la incompetencia de los apicultores. Todavía hay situaciones en las cuales estas fuerzas no son capaces de resolver la situación. Cuando todo esto se verifica, entonces, las fuerzas hereditarias como la resistencia de las abejas o el vigor de las reinas tienen un efecto contraproducente. De análoga manera, disminuye la vitalidad de los zánganos. Aquí tenemos un ejemplo de las fluctuaciones genéticas en el desarrollo de determinadas disposiciones hereditarias, en particular en los miembros reproductores de las colonias. Fluctuaciones de este tipo son, frecuentemente, difíciles de acertar.

Mutaciones

Los cambios imprevistos en las características genéticas de un organismo vivo son llamados mutaciones. Darwin basó, en gran medida, su teoría de la evolución sobre cambios de este tipo. Armbruster y otros científicos estaban, durante una época, convencidos de la idea de que se podían utilizar las mutaciones para abrir vías hacia nuevas posibilidades de selección. En aquel entonces era una praxis distinguir entre mutaciones ventajosas y otras que anunciaban una decepción. Hoy en día sabemos que todas las mutaciones son nocivas, dado que éstas llevan consigo un empobrecimiento que se demuestra principalmente en una pérdida de vitalidad, y ,tal vez, a anomalías anatómicas. Mutaciones que son dominantes a menudo resultan letales. Por ejemplo, en una raza de bovino irlandés llamada Dexter hubo un caso en que una mutación produjo un porcentaje del 25% de terneros muertos recién nacidos. En el caso de los ratones, el color amarillo es debido a un factor letal. De los individuos que poseen este factor letal sobreviven solamente aquellos que son de descendencia mixta. EL ratón amarillo puro muere en los primeros estadíos de su existencia en el vientre materno. Sin embargo, en la mayoría de los casos, las mutaciones conocidas en el mundo de las abejas son, por naturaleza, inocuas. Sus efectos se limitan a una parcial restricción o al bloqueo de los efectos de un particular gen, como ocurre por ejemplo con el gen que actúa sobre el color de los ojos de la abeja. Las consecuencias de las mutaciones son claramente evidenciadas en un listado de 30 mutaciones individuales así descritas: 18 actúan sobre el color de los ojos, 5 en la formación de las alas, 3 sobre el color de los segmentos abdominales, 2 sobre el color del vello y 2 sobre el comportamiento. La variación del color de los ojos es fácil de explicar. Esta es, obviamente, debida a una progresiva pérdida de los recíprocos alelos que determinan el color de los ojos. Los ojos blancos, que a menudo aparecen, son debidos a la pérdida de todos los alelos del color. El color "cordobán", un color cuero, es generalmente considerado una mutación. Según mi opinión, más bien se debe al color de base, uno de los dominantes, que se impone en el estado de la heterocigosis. Por otro lado, los huevos estériles son ciertamente imputados a una mutación, y esto parece que ocurre solamente en las razas de Europa occidental. Una mutación significa siempre una pérdida de algo; un proceso inverso a las precedentes condiciones, nunca se ha conseguido producirlo – y, de hecho, no es posible.

Una mutación que conlleve una pérdida de un gen nunca podrá ser considerada una ventaja. Eventualmente es posible considerarla como una ventaja si la pérdida de un gen ocurriese en una circunstancia en la cual resultase ventajoso un factor recesivo. Un caso de este tipo se verifica en los árboles frutales. De vez en cuando ocurre que un árbol produce un ramo en el cual los frutos, como resultado de una mutación, no corresponden completamente a las características normales de aquella particular variedad. Si es apreciable, la mutación es, en tal caso, considerada un beneficio, y el nuevo tipo puede ser propagado por injerto. Sin embargo, también las mutaciones de este tipo conllevan una pérdida de vigor, dado que esta es la regla general de las mutaciones.

En el caso de las abejas, la experiencia demuestra que, además de aquellas ya mencionadas, hay una serie de mutaciones letales, que pueden causar problemas en la crianza de las mismas. La vulnerabilidad hacia unas u otras enfermedades que atacan a la cría o a las abejas adultas sin duda se debe, muy a menudo, a un cambio de las características genéticas.

En la base de casi todos los problemas en apicultura está la pérdida de vitalidad. La endogamia conlleva una intensificación de pequeñas mutaciones, e inevitablemente a una pérdida de vigor. Las grandes mutaciones y las marcadas deformaciones se presentan también en las abejas, pero estas están excluidas, por razones naturales, de una ulterior propagación.

Como ya hemos notado, las mutaciones son cambios en los genes, que repentinamente aparecen y son permanentes. Nosotros podemos producirlas artificialmente con el uso de radiaciones, con tratamientos químicos o temperaturas elevadas, pero estas siempre serán mutaciones casuales, y nunca son aconsejables. En el desarrollo de cada individuo viviente existe una fase crucial en la cual está mayoritariamente expuesto a los peligros. En el pequeño mundo de las abejas, en el cual la Naturaleza tutela la selección y el desarrollo, la abeja es casi inmune a las mutaciones. Se puede decir que el punto débil de las abejas está en el semen conservado en la espermateca de la reina, antes de que alcance los huevos. Tomamos el caso del hermafroditismo: en las abejas solamente de manera ocasional nos encontramos con individuos que poseen tanto los órganos femeninos como los órganos masculinos. Esto parece ser el resultado del mal funcionamiento de un gen en el semen, el cual impide el completo desarrollo de los órganos femeninos. Esta es claramente la explicación más obvia, dado que el huevo, sin ser fecundado, se habría desarrollado como un zángano. Aunque se hayan sacado otras conclusiones, ninguna de estas resulta satisfactoria. Se han producido hermafroditas enfriando los huevos, o, más precisamente, el semen. Los experimentos han demostrado que, bajando la temperatura de la reina, el semen en la espermateca muere, sin dañar sus ovarios o su capacidad de deposición. El resultado es una reina que depone zánganos.

Las mutaciones son el objetivo de muchos genetistas que se ocupan de abejas; ellos mismos han ideado fórmulas científicas con la esperanza, después de muchos estudios, de poder descubrir algunos aspectos sobre la heredabilidad de las abejas. Pero la investigación sobre las mutaciones conlleva mucho trabajo, y es posible solamente a través de la inseminación instrumental. Además, estos individuos tienen como destino una rápida selección por parte de la Naturaleza, y parece ser que no podemos esperar por su parte grandes ventajas para nuestros fines prácticos.

Sintetizar nuevas combinaciones

Después de lo que se ha dicho, se puede ver de inmediato que las mutaciones no llevan hacia ningún progreso, sino que siempre, en todo individuo observado, se transita hacia un empobrecimiento de las características hereditarias y hacia una pérdida de la capacidad de adaptabilidad a las condiciones vitales. Cualquier ser que no sea capaz de sobrevivir, pronto es eliminado por parte de la Naturaleza misma. El medio no tiene el tiempo de pararse, tampoco para los seres débiles. Siempre es el ser salvaje, tanto animal como planta, el ser más fuerte de su género, y, desde el punto de vista del ahorro práctico, no es necesariamente el más productivo. Como evidenció Darwin, la "supervivencia del más idóneo" es la inexorable ley de la Naturaleza, que no admite ninguna derogación en su principio. Gracias a esta imparable actitud por parte de la Naturaleza, nosotros podemos disponer de un inestimable patrimonio de razas de abejas en diferentes lugares geográficos, con innumerables posibilidades de selección.

Tal como Mendel sospechaba, hoy estamos en las condiciones (a través el cruce selectivo) de producir, casi como nos guste, una síntesis de los factores hereditarios con el máximo valor económico. De hecho, este es el único camino para conseguir un progreso real en la selección de las abejas, desde un punto de vista tanto teórico como práctico. La selección de las plantas y de los animales domésticos ya produjo innumerables ejemplos perfectamente conseguidos tras la mejora genética de este tipo.

En relación a este tema, el seleccionador de plantas, respecto al seleccionador de animales, se encuentra en una posición más ventajosa. Él puede producir sin problema un número ilimitado de individuos F2, y así tiene una posibilidad prácticamente ilimitada para efectuar ideales combinaciones. Como ya he subrayado, nosotros los seleccionadores de abejas estamos en una posición igualmente afortunada. También es verdad que no contamos con todas las ventajas de que disponen los seleccionadores del reino vegetal, pero tenemos, a la vez, otras posibilidades de las que ellos no disponen. Los resultados conseguidos en la sintetización de nuevas combinaciones demuestran claramente las posibilidades que en la selección de las abejas se pueden conseguir.

Aquí no nos ocupamos solamente de las posibilidades para incrementar las prestaciones de las abejas, sino también de aumentar su resistencia hacia las enfermedades, dado que sin esta particular resistencia no es posible obtener mejores prestaciones. Tengo que aclarar que no estoy hablando de una inmunidad hacia las enfermedades, sino de un alto grado de resistencia. Me permito citar un ejemplo de selección botánica: una infección viral de la caña de azúcar en Java causó enormes pérdidas. Cruzando un cultivo vulnerable con una variedad silvestre, se obtuvo una nueva combinación de genes, con el resultado de que, no solamente la nueva variedad era prácticamente inmune a la enfermedad, sino que llegó a incrementar cuatro veces más la producción. Nuestra experiencia en la lucha contra "Acarapis woodi" nos convence de que lo que estamos tomando en consideración no es un cuento, tampoco creer solamente en la teoría o soñar con los ojos abiertos.

Los límites que nos imponen

Anteriormente hemos sostenido que, debido a la gran variedad que encontramos entre las razas de abejas, están a nuestra disposición "innumerables" posibilidades de selección. Pero tenemos unos límites que no podemos traspasar, y que siempre tenemos que tener presentes. En realidad podemos utilizar las innumerables posibilidades para combinar los genes, pero no podemos producir algo que, de una manera u otra, no esté ya presente. No existe nada como la "generación espontánea" de nuevos genes, tampoco una espontánea y considerable "acumulación progresiva de las disposiciones genéticas", sino una siempre presente posibilidad de erosión genética.

Como hemos visto, las mutaciones indican la desactivación parcial o total de un gen. De la misma manera, la selección pura intensiva y la propagación intensa de un número muy limitado de variedades – como a menudo ocurre en las prácticas actuales – puede significar solamente un impactante empobrecimiento de las características genéticas globales de la abeja melífera; por lo tanto, esta práctica no se limita solamente a las características que no deseamos sacar adelante. Estas tendencias modernas son, en conjunto, un nuevo punto que necesita nuestra más intensa atención. Los seleccionadores de plantas, hoy en día, lamentan la pérdida de innumerables variedades de grano silvestre que poseían muchos factores de valor económico para la selección, variedades que estaban a su disposición hace 30 años pero que ahora ya no se encuentran.

Determinación del sexo

Por último, tenemos que dirigir nuestra atención a la determinación del sexo de las abejas y al rol que juegan los alelos del sexo y su importancia en la selección.

Las características y el aspecto externo de todos los seres vivos vienen fijados por la interacción entre parejas de genes. Si los genes producen las mismas características, son llamados alelos. Así, la determinación del sexo en muchos animales viene definida por dos cromosomas del sexo conocidos por los genetistas como cromosomas X e Y. La hembra tiene dos cromosomas X, pero el macho tiene una X y una Y, así que tenemos XX por la hembra y XY por el macho. Por lo tanto, la célula del huevo puede transmitir solamente el factor X, mientras que el semen puede transmitir a partes iguales el factor X y el factor Y. De esta manera es posible que el número de los dos sexos sea equivalente, porque una célula del huevo se une a un espermatozoo con factor X e Y.

Todavía los cromosomas sexuales en los diferentes tipos de animales tienen tareas diferentes. En el caso de los mamíferos, la hembra tiene un alelo uniforme, que es XX. En las aves ocurre el revés, igual que en los himenópteros, entre los cuales están presentes las abejas. Pero el caso de las abejas es mucho más complicado.

Como para todos los seres vivos, en las abejas hay dos factores que determinan el sexo; pero no hay solamente dos formas, sino una serie de variaciones conocidas como alelos del sexo. Cuando se juntan dos alelos diferentes, una X y una Y, tenemos una hembra. Pero, dado que el zángano nace "a partir de una reina virgen", en el sentido de que no tiene padre, normalmente éste posee solamente un alelo del sexo. La endogamia intensiva lleva infaliblemente a una restricción de los alelos del sexo, y, al mismo tiempo, a una intensificación de los alelos de igual sexo. Estos huevos son todavía vitales, y pueden desarrollarse en zánganos diploides. Pero este tipo de larva es eliminada por parte de las abejas nodrizas poco después de salir. La manera en la cual las abejas nodrizas son capaces de distinguir estas especiales larvas respecto a la cría normal de las obreras es un punto controvertido.

La siguiente tabla muestra el proceso de la determinación del sexo. Los símbolos han sido elegidos sin significado alguno.

	Reina		Zánganos		Decendencia
Alelo del sexo - a/b	x		c o d	=	a/c – a/d – b/c – b/d
Alelo del sexo - e/f	x		g o h	=	e/g – e/h – f/g – f/h

Los 8 descendientes al completo tienen diferentes alelos del sexo desde el cual se desarrollarán las hembras. Por otro lado, el próximo diagrama muestra cuando (en el 25% de la descendencia en primera instancia y en el 50% en la segunda) tenemos alelos de parecido sexo.

	Reina		Zánganos		Decendencia
Alelo del sexo - a/b	x		a o c	=	a/a – a/c – b/a – b/c
Alelo del sexo - b/c	x		b o c	=	b/b – b/c – c/b – c/c

41

Esto, naturalmente, es un ejemplo puramente hipotético, porque en realidad una reina no se aparea con un solo zángano, sino siempre con un número indeterminado de ellos. En el caso de los apareamientos casuales, en los cuales tomarán parte los zánganos de origen mixto, esto ocurre raras veces y nunca con una pérdida del 50% de la cría.

El apareamiento múltiple es el sistema elegido por la Naturaleza para producir el necesario equilibrio. Donde se considera necesario aplicar una endogamia intensiva, con el correspondiente control de los apareamientos, será inevitable una elevada pérdida de la cría y todas las demás desventajas. En una actividad apícola comercial ordinaria normalmente no se actúa en este sentido, excepto solamente cuando tales medidas son consideradas esenciales para obtener particulares individuos, con el objetivo de un ulterior trabajo de selección. En tales casos tenemos que aceptar el hecho de la pérdida de cría y las desventajas que conlleva.

Como he observado, cuando el apareamiento ocurre en una estación de apareamiento, raramente se toma en consideración esta pérdida de cría causada por la presencia de los alelos de igual sexo. Los únicos casos donde podría ocurrir es cuando la endogamia intensiva trabaja con fines científicos, o cuando una especie de idealismo induce hacia experimentos que se emprenden sin considerar mínimamente los desastrosos resultados que conllevan. Fueron Mackinson y Roberts, en los Estados Unidos, quienes en 1.945, durante una serie de experimentos con endogamia con la ayuda de la inseminación instrumental, obtuvieron los primeros resultados. Ambos pensaron que la anormal pérdida de la cría estaría debida a un factor letal. Más adelante, el polaco J. Woyke fue capaz de rebatirlos. Este demostró que si las larvas que habían descartado las abejas eran recogidas inmediatamente después de ser sumergidas y alimentadas durante dos días con jalea real y luego devueltas a las abejas nodrizas, estas larvas se desarrollaban normalmente. Pero las abejas que salían eran zánganos diploides. Las investigaciones demostraron que sus glándulas reproductivas eran más pequeñas y que la cantidad de semen que poseían era solamente una octava parte de la cantidad de los zánganos haploides comunes. Además, estos zánganos diploides producen semen diploide. Esta es una indicación del hecho de que la abeja melífera es un caso particular, y la verificación de que podemos recurrir a la endogamia solamente en excepcionales casos.

Una palabra de advertencia sobre la teoría pura

Para leer las siguientes consideraciones en su perspectiva correcta, es importante recordar que los resultados alcanzados en el pasado en la selección de las plantas y animales domésticos fueron obtenidos, en gran parte, sin el conocimiento científico de la genética que poseemos ahora. Muchos seleccionadores de animales domésticos que alrededor de hace 150 años han hecho famosa Inglaterra en todo el mundo, claramente no sabían nada sobre las leyes de la división celular, de los cromosomas, de citología, y de todo los demás. Lo mismo hay que decir de la genialidad del americano Luther Burbanks, que hace setenta años alcanzó maravillosos éxitos seleccionando las plantas. Estas personas confiaban en una fuerza intuitiva, una especie de sexto sentido. Hoy en día tenemos a nuestra disposición una cantidad de conocimiento que estas personas no tenían. A pesar de ello, en el sector de la selección, todavía hoy en día, un requisito necesario consiste en tener una cierta dosis de intuición.

El estudio de la heredabilidad abarca a todos los seres vivos, porque, de hecho, estudia la vida misma. Conocemos algunas de las normas que regulan la transmisión de las características de una generación a otra, pero la multiplicidad y la diversidad del proceso dejan un misterio más allá de la capacidad humana. Siempre tenemos que alegrarnos de poder acceder a un análisis parcial y a un conocimiento de los diferentes aspectos de la heredabilidad.

En esta parte teórica me limité a los puntos principales que son indispensables para hablar sobre la selección de Apis mellifera. Los escritos sobre la selección desde el punto de vista científico tienen un tamaño casi anecdótico, pero, desde un punto de vista práctico, contienen poco que sea realmente de valor. Para nosotros los apicultores, a menudo nos crea más confusión que cualquier otra cosa. En la selección de las abejas tenemos que tropezarnos con los problemas excepcionales respecto a las normas generales de la heredabilidad, basada esta última en ambos sexos. El carácter comunitario de las abejas, la partenogénesis, el apareamiento múltiple y el hecho de que los individuos que portan las características más importantes no sean capaces de reproducirse – todas estas condiciones nos impiden poder comparar a corto plazo entre el mundo animal, el de las plantas y el de *Apis mellifera*.

SEGUNDA PARTE

POSIBILIDADES PRÁCTICAS DE LA SELECCIÓN

Observaciones preliminares

Antes de continuar tengo que agradecer el trabajo del Prof. Armbruster sobre los aspectos teóricos de la selección. Dedicó casi toda su vida a estudiar los principios basilares de la crianza de las abejas, a partir de las Leyes de Mendel sobre la genética. Además, gran parte de sus estudios fueron desarrollados antes de que se descubriera la existencia del apareamiento múltiple. Como consecuencia, algunos de sus descubrimientos se basaban en suposiciones que en seguida se demostraron equivocados. De la misma manera, algunas de sus teorías sobre la endogamia en las abejas no se concilian con la realidad. Sin embargo, todos los puntos de vista que expuse en la primera parte de este libro se basan sobre el conocimiento y la experiencia derivados de más de sesenta años de apicultura práctica. Así, por ejemplo, antes de 1.930 era consciente de la extrema vulnerabilidad de la endogamia sobre la crianza de abejas, que antes describí como el "talón de Aquiles" de la apicultura. Nuestro apiario aislado, muy fiable y en uso ininterrumpido desde 1.925, ya desde hace mucho tiempo nos hizo conocer los problemas que hoy son universalmente conocidos.

En esta segunda parte del libro tengo que volver a hacer referencia a nuestros resultados. La razón es clara: No tengo noticia de que otros tengan el mismo patrimonio de conocimiento en los cruces y sobre la formación de nuevas combinaciones genéticas, tampoco un amplio conocimiento sobre las diferentes razas geográficas de *Apis mellifera* y de sus respectivas características obtenidas en primera persona. Este tesoro de información, como ya he señalado, ha sido adquirido en un periodo de setenta años, gracias a un sistema de apicultura intensiva y extensiva, con el más amplio fundamento. Obviamente, la clave de todo éxito en la crianza de las abejas se apoya sobre unos cuantos descubrimientos, confirmados desde una larga experiencia y de objetivos claramente definidos. Sin todo esto, la apicultura es como un barco sin timón en alta mar.

Como indica el subtítulo de este libro, aquí nos ocupamos solamente de los problemas que se encuentran en la selección de las reinas. Pero no se puede olvidar que las metodologías y las herramientas utilizadas para criar reinas pueden actuar solamente sobre algunas características de las reinas, en particular sobre la fertilidad y su vigor, y, por tanto, sobre la fuerza de la colonia. Esto no significa que métodos incorrectos o que no sean válidos para criar reinas tengan influencia directa sobre los factores hereditarios de la reina, sino solamente sobre su desarrollo. He descrito algunos métodos para criar reinas en mi libro "*Apicultura en la Abadía Buckfast*"[4], y allí están recogidos los que, según mi experiencia, se han demostrado del todo fiables. No menciono el criterio que considera el marcaje exterior, o *koersystem*, pilar fundamental en la crianza en pureza de la cárnica; porque estos parámetros no son utilizados en otros países que no hablan alemán – hasta el punto de no conocerlos.

Antes de continuar, me veo obligado a mencionar algo sobre un punto que considero muy importante, que es el uso correcto de las diferentes expresiones técnicas. El uso preciso de tales expresiones es la herramienta para evitar malas interpretaciones. Las descripciones comúnmente en uso en la crianza de los animales domésticos en general no se aplican, sin ulteriores especificaciones, en nuestro sector, porque en la crianza de Apis mellifera tenemos que gestionar problemas que no tienen su correspondencia en la crianza de los demás animales. Como ejemplo aquí menciono la partenogénesis, el apareamiento múltiple con un número desconocido de zánganos, y también el hecho de que millones de espermatozoos de un zángano son genéticamente idénticos. Similares fenómenos hacen imposible para nosotros comparar, sin especificaciones, la crianza de las abejas y la de los animales domésticos. Debe ser tomado en consideración otro factor: cada reina y cada zángano, que son los únicos que toman parte en la reproducción, no dan indicaciones sobre las características de valor económico (si excluimos la fertilidad), a la cual nominamos en la selección.

Según mi opinión, es necesario definir con precisión y transparencia los siguientes puntos:

1. El término "selección de las abejas" se refiere exclusivamente a la mejora genética de *Apis mellifera*, y de ninguna manera a la gestión y al manejo de las abejas.

2. La crianza en pureza necesita apareamientos de una sola e idéntica raza geográfica, y su intensidad depende del grado de endogamia utilizada.

3. El término "endogamia" se refiere al apareamiento entre parientes estrechos, entre los límites de una línea de selección, o, en un sentido más amplio, en el interior de una variedad o ecotipo.

4. Los términos "cruces" y "selección cruzada" se refieren exclusivamente a los apareamientos entre individuos de dos o más razas geográficas.

5. Los términos "combinaciones" y "selección por combinación" se refieren a una nueva síntesis de factores hereditarios que han sido desarrollados a partir de cruces y de líneas de selección en una serie de generaciones.

6. "Retro cruce" o *backcross*, se refiere a los apareamientos que ocurren entre descendientes progenitores del mismo origen o con aquellos de una precedente generación del mismo cruce.

[4] *Apicultura en la Abadía Buckfast*, NBB, 1.974 (trad. de Mattia Ferramosca, 2.021).

"Mestizos" son los descendientes de los apareamientos de origen desconocido. Se notará que términos como *"híbridos"*, *"línea híbrida"* y *"selección de híbridos"* han sido evitados. La razón es bastante sencilla: en la crianza de las abejas los híbridos no existen. Solamente un apareamiento entre *Apis mellifera* y una originaria de la India podría producir un híbrido, pero un similar cruce es imposible. Los verdaderos híbridos en el mundo vegetal y animal son generalmente infecundos, y no pueden producirse. El clásico ejemplo del híbrido es la mula. Aquí también los efectos de la heterosis están bien evidenciados, dado que la mula posee el vigor y la fuerza que no poseen sus padres, el burro y la yegua. En el caso de los demás híbridos, como por ejemplo el cruce entre pollo y pavo, la fecundación tiene efecto, pero no hay un normal desarrollo del embrión. La palabra híbrido es de origen griego y pasó al latín, pero siempre en el sentido despectivo. Hoy en día, en algunos idiomas, el término es utilizado con un sentido positivo, que contradice el significado etimológico y natural de la palabra.

Las finalidades de la selección

En su libro *Bienezüchtungskunde*, Armbruster declara para la selección tres objetivos:

- ▸ El deportivo
- ▸ El científico
- ▸ El económico

Obviamente, nuestras atenciones se dirigen hacia el fin económico de la selección. Estamos interesados en el aspecto científico solamente porque esto puede arrojar luz a los datos que necesitamos para nuestro principal objetivo. Naturalmente, es posible poner en marcha un programa de selección con fines científicos, pero aun así esto no podría ser desarrollado sin una atención para combinar tanto la teoría como la práctica. En la primera parte de este libro, la "parte teórica", prestamos atención a los principios que se basan en los conocimientos actuales. En esta segunda parte nuestra atención se dirige a los aspectos prácticos. Aunque como apicultor yo baso mis conocimientos sobre un sólido fundamento científico, no me ocupo en estas páginas sobre los objetivos de la selección que sean puramente académicos.

Los objetivos económicos de la selección

Desde un punto de vista puramente empresarial, muchos apicultores miran, como objetivo de sus esfuerzos, a la máxima producción de miel por colmena, sin tomar en consideración los otros factores requeridos por las circunstancias de hoy en día. Es verdad que necesitamos alcanzar una buena cosecha por colmena, pero esto tiene que estar estrictamente relacionado con un menor gasto de tiempo y esfuerzo. Como demuestra la experiencia, una gestión que mire solamente hacia la producción sin considerar otras necesidades, al final resulta desventajosa. Un apicultor, para obtener verdaderamente una ganancia, tiene que combinar todos los factores que he mencionado de manera equilibrada, prestando atención en primer lugar a ahorrar los esfuerzos. El factor tiempo hoy en día desempeña, respecto algunas libras de más en términos de cosecha de miel, una mayor importancia; un punto que hay que tener bien presente en cada test comparativo.

Aunque una colonia registre una prestación verdaderamente excelente, tenemos que asegurarnos de que ésta ha sido obtenida paralelamente con todos los otros requisitos necesarios para evaluar las prestaciones. Una colmena que, de alguna manera, presenta unos defectos, como puede ser una enfermedad o una fuerte tendencia a enjambrar, nunca podrá mostrar su verdadera potencialidad. En todos nuestros esfuerzos de selección tenemos que ser capaces de determinar todos los factores, buenos o malos, que, de cualquier manera, influyen en la potencialidad de las prestaciones de una colonia. Algunos de estos inciden en el trabajo requerido, por ejemplo, la tendencia a enjambrar, mientras que otras características hereditarias, aunque no tengan influencia directa en el trabajo necesario y tampoco en los aspectos de las prestaciones, como por ejemplo en la manera en la que son realizados los opérculos de la miel, tienen un valor económico, y esto debe ser considerado en su justa medida.

En todas nuestras evaluaciones tenemos que prestar atención a los efectos colaterales de ciertos factores, dado que lo que casi siempre buscamos depende de una serie de genes. A menudo se considera que una característica depende de un solo gen, pero esto no está confirmado en la práctica: en casi todos los casos, los genes están relacionados entre ellos. Un conocimiento y una evaluación general de las características que nosotros podemos modificar con la selección constituyen la base necesaria para un programa de selección eficaz. Para comprender el significado de las características individuales en una apicultura ventajosa, y su respectiva influencia entre ellas es oportuno dividirlo en tres grupos principales. El primer grupo comprende aquellas cualidades primarias que son esenciales para alcanzar una elevada producción de miel; el segundo, son cualidades de apoyo, pero que tienen una influencia directa sobre las prestaciones de una colmena; el tercer grupo incluye a aquellas cualidades que inciden en el manejo, especialmente reduciendo el trabajo requerido, y también algunas otras que tienen un valor puramente económico.

Las cualidades más importantes para el rendimiento

1. Fertilidad

El requisito fundamental para que una colonia sea capaz conseguir los mejores resultados es que esta esté siempre al máximo de su capacidad, en todo momento. Esto se consigue con la combinación de fecundidad de la reina y la laboriosidad de las abejas que acuden a la cría; ambos rasgos hereditarios. Sin esta perfecta condición de la colonia es prácticamente imposible conseguir la máxima producción de miel. La gran fertilidad, considerada individualmente, no es un factor decisivo, sino el prerrequisito esencial para una prestación excelente. Algunas abejas, como las variedades italoamericanas, muestran una fertilidad y una tendencia en el desarrollo de la cría que están fuera de lo normal. Sin embargo, éstas están siempre acompañadas por una pérdida de vitalidad y longevidad en las pecoreadoras. Este tipo de fertilidad no tiene

48

obviamente ninguna ventaja, solamente cuando las abejas son criadas para la venta.

Hay marcadas diferencias entre fertilidad y tendencia a criar entre diferentes variedades y razas de abejas. La antigua abeja inglesa, la cual forma parte del grupo de las abejas oscuras de Europa Occidental, incluso en circunstancias favorables produce difícilmente más de ocho panales de cría (de la medida de 19 x 34 cm). La escasa fecundidad, en parte, era compensada por una vitalidad y longevidad superiores a la norma. A pesar de ello, esta antigua abeja inglesa, también en las mejores condiciones posibles, nunca llegaba a conseguir resultados que correspondiesen a las altas medias de la cosecha que hoy en día damos por hecho. Esta recolectaba solamente un tercio de la cosecha respecto a colmenas italianas muy prolíficas de aquel tiempo.

Sin duda, sobre esta cualidad en la selección de las abejas hay puntos de vista contrastantes. Hace tiempo, en Inglaterra, estaba de moda la frase "queremos miel, no abejas". Naturalmente, el apicultor comercial no quiere colonias que transformen cada libra de miel en cría. Pero es la abeja la que produce miel, y cuanto más fuerte es la colmena, más verosímil es que la producción de miel sea máxima. Como ya he recordado, una correcta fecundidad tiene que ir de la mano de una serie de otras características esenciales bajo el punto de vista del valor económico. Un rasgo bueno requiere una cadena completa de buenos rasgos. Verdaderamente, sin la interacción de esta cadena, una característica considerada singularmente no se puede desarrollar plenamente.

Una reina que desde finales de mayo hasta el final de junio no consigue mantener unos cuadros de cría que lleguen a entre nueve o diez cuadros Dadant (46 x 27 cm) no alcanza nuestros estándares. Esta cantidad de cría tiene, de la misma manera, que ser espontánea, y con esto quiero decir que su desarrollo debe ser natural sin ser estimulado con alimentación artificial en ningún caso.

2. Laboriosidad o esfuerzo en la búsqueda de alimento

Un elevado grado de fertilidad tiene que estar acompañado por una inagotable capacidad en la búsqueda de alimento. La laboriosidad es la clave que favorece todas las cualidades de valor económico a nuestro favor. Aunque, por definición, la abeja es un animal laborioso, hay razas y variedades que no lo son en absoluto; observación que solo apreciamos cuando se efectúan comparaciones, en las mismas condiciones, entre colmenas. En nuestro colmenar aislado, donde se efectúan test preliminares de selección entre diferentes variedades y líneas, a menudo estas diferencias aparecen muy rápidamente, y siempre se demuestran muy arraigadas. La laboriosidad, en gran medida, depende de las condiciones y el estado general de la colonia. Un enjambre que tiene una reina recién fecundada, por ejemplo, en las primeras semanas trabaja con ritmos que no conocen rival.

Aunque la laboriosidad es una característica hereditaria, su pleno desarrollo depende del conjunto de cualidades y de la condición efectiva de la colonia, como por ejemplo disponer de una reina apta. Desde un punto de vista genético, una estrecha endogamia utilizada para intensificar la laboriosidad puede ser contraproducente hasta el punto de llegar a un grave deterioro de las prestaciones.

3.   Resistencia a las enfermedades

Damos por hecho que no puede existir ninguna esperanza de alcanzar importantes resultados si una colonia está sometida a cualquier tipo de enfermedad. Como en la selección de los animales y de las plantas, también en la selección de las abejas, que en general son muy fuertes, la evaluación de las enfermedades para nosotros es uno de los aspectos más importantes. Una resistencia a las enfermedades altamente desarrollada es un factor indispensable para una apicultura de éxito. Idealmente, está claro que la mejor situación sería la inmunidad, pero con las abejas ésta es prácticamente imposible, dado que tenemos que trabajar con colmenas que son verdaderas comunidades, y no con cada individuo, como ocurre normalmente.

Dado que tenemos que hacer frente a unas cuantas enfermedades que atacan tanto a la abeja adulta como a la cría, junto a la dificultad de describir minuciosamente, en este contexto, todos los factores que encontramos implicados (prácticamente imposible), volveré sobre tal argumento más adelante con un capítulo específico.

4.   Desafección a la enjambrazón

Una desafección a la enjambrazón bien desarrollada, para la apicultura moderna es un requisito indispensable. La enjambrazón, no solamente requiere una inmensa cantidad de trabajo extra y de tiempo perdido, sino que dificulta el alcance del objetivo en términos de producción máxima por colonia, cosa que hoy en día es el primer objetivo de la apicultura comercial en todos los países del mundo. Una variedad de abeja que esté dotada de cualquier rasgo deseable y que sea tendente considerablemente a la enjambrazón, en la apicultura moderna no encuentra lugar. Con la presencia de la enjambrazón, todas las buenas cualidades de una variedad se echan a perder. Nuestra experiencia con la "nigra", sobre la cual más adelante volveré a hablar, es un clásico ejemplo.

Gracias a los diferentes métodos de control de la enjambrazón, ésta puede ser reducida a los mínimos términos, pero métodos como los de Demaree, la enjambrazón artificial o el retiro forzado de la reina y la formación de núcleos, son operaciones que requieren demasiado tiempo para su dedicación en la apicultura comercial. Además de todo esto, las colmenas sometidas a tales prácticas nunca están en las mejores condiciones para producir la máxima cosecha. Tanto la desafección a la enjambrazón como su situación contraria, la "fiebre de enjambrazón", son hereditarias, pero también depende de las circunstancias. Naturalmente, ambas características están sujetas a un amplio número de influencias secundarias. La endogamia, conducida sobre una estricta base, reduce la tendencia a enjambrar; mientras que el cruce, debido a la heterosis, intensifica la tendencia a la enjambrazón.

La única manera para reducir la enjambrazón es recurrir a la selección. El verdadero problema es conseguir un balance entre esta característica y la máxima vitalidad de la colmena. Si miramos la cuestión de manera realista, un alto grado de desafección a la enjambrazón es preferible respecto a un modesto incremento de la producción de miel.

Cualidades secundarias

Fertilidad, laboriosidad, resistencia a las enfermedades y desafección a la enjambrazón son las cualidades esenciales de importancia económica, y forman la base de todos nuestros esfuerzos de selección. Las otras características no son esenciales de igual manera, pero son de gran importancia, dado que cada una de éstas contribuiría a la intensificación de las capacidades de cosecha de miel de una colonia.

1.   Longevidad

La cualidad que figura como cabeza de serie en un elenco de las características con influencia considerable sobre las prestaciones de una colonia es la longevidad. De hecho, no hay ningún otro factor que prometa posibilidades de selección tan amplias. Hay considerables diferencias en la longevidad entre diferentes razas y variedad de abejas. La prolongación de la curva vital de la abeja, aunque sea solamente de pocos días, lleva como consecuencia un incremento considerable del número de pecoreadoras, y, por tanto, a una mayor prestación por colonia, sin su correspondiente aumento del compromiso en términos de cantidad de cría. La longevidad parecer estar debida a dos factores:

1.   Un rasgo hereditario.

2.   La calidad del alimento de las larvas durante su periodo de desarrollo.

Cuando nos ocupamos de la longevidad, el punto crucial es la calidad de la crianza de cada individuo, tanto sea una reina, abeja o zángano, durante su desarrollo como larva. Por lo que concierne a la reina, esto determina su capacidad de deponer, mientras que, en el caso del zángano, su virilidad y su capacidad de reproducirse. La endogamia, por otro lado, puede tener sobre la longevidad un efecto desastroso.

Algunas razas, de particular manera la anatoliaca, la cárnica y las de Europa occidental, tienen una vida larga, un hecho que se manifiesta en la longevidad de la reina. Las variedades muy prolíficas son, casi siempre, de corta vida. Una duración de vida excepcional se encuentra más fácilmente en aquellas razas que son moderadamente prolíficas, como aquellas recién mencionadas. Nuestra experiencia nos ha revelado que las abejas con mayor vida son aquellas con descendencia anatoliaca.

Estamos hablando de longevidad, pero sería más preciso llamarlo con el nombre de vitalidad en lo que respecta al tema del que estamos hablando. Al final, la duración de la vida de una abeja depende del gasto de su energía. Cuanto mayor es la cantidad de energía gastada, más breve será la duración de su vida. Entonces, la longevidad en el caso de la abeja melífera, no es tanto una duración predeterminada, sino que depende de cada individuo y de su ahorro de energía y el uso de la misma. El grado de longevidad es, sin duda, un rasgo determinado genéticamente.

2. Fuerza alar

Una fuerza alar ampliamente desarrollada puede influir definitivamente sobre el rayo de vuelo de una abeja. De hecho, esta característica es decisiva para determinar si una abeja puede o no llegar a una determinada floración nectarífera. Comentaré como ejemplo una de mis experiencias personales. Desde 1.916, cuando teníamos la antigua abeja inglesa, la cual compartía con las demás razas de Europa occidental una extraordinaria fuerza alar, obteníamos continuamente en nuestro apiario principal una cosecha de miel de brezo. Este último, el más cercano estaba a una distancia de 3,6 Km., con una altitud alrededor de 400 m. A pesar de la lejanía y del desnivel de casi 400 metros, la abeja autóctona y sus cruces, en 1.915, hicieron una cosecha de 50 Kg. de miel de brezo por colonia. Desde entonces, solamente cuando el tiempo era excepcionalmente favorable hemos tenido cosechas de brezo en nuestro apiario principal.

Por otro lado, la marcada fuerza alar de los otros grupos de razas de Europa occidental, considerando los apareamientos casuales, es la responsable de la dominante influencia contraproducente de las características indeseadas. La experiencia nos ha demostrado que esto es así en todos los países en los cuales este grupo de razas están presentes. Una característica que por sí misma es positiva, se puede volver una desventaja bajo otro punto de vista.

3. Agudo sentido del olfato

En correspondencia con una fuerza alar superior a la media, tiene que haber un agudo olfato. Se puede presumir que, sin un olfato agudo, una abeja no se expone a la búsqueda de néctar a más de una determinada distancia. Este rasgo, por tanto, tiene sus ventajas, porque tiende a producir pillaje. Los dos rasgos se presentan como interdependientes: una abeja que posee un olfato particularmente desarrollado parece ser incapaz de resistirse a la tentación del pillaje. En mi experiencia, las mejores pecoreadoras son las primeras a lanzarse al pillaje. Mis observaciones me condujeron a creer que los dos rasgos son complementarios.

4. Instinto para defenderse

El remedio más eficaz contra el pillaje es un agudo sentido de la autodefensa. Un instinto de defensa altamente desarrollado es un requisito necesario, y se demuestra más desarrollado en las razas orientales. La despiadada lucha contra los múltiples enemigos de las abejas, de los cuales no tenemos idea en nuestros climas templados, ha sido seguramente responsable del gran desarrollo en las razas orientales en este sentido.

5.   **Vigor y capacidad para superar el invierno**

El vigor y la capacidad para superar el invierno están relacionados con la cantidad existente de otras características. Está claro que cualquier abeja que se enfría rápidamente, cuando recoge agua o polen en los días soleados pero fríos de primavera, no puede ser definida como una abeja vigorosa. Por otro lado, la resistencia a la temperatura extremadamente baja es menos importante. Una buena salida del invierno está ampliamente determinada por la habilidad de sobrevivir a largos periodos con reducidas reservas sin un vuelo de purificación, y por la capacidad de una colonia de reaccionar a los repentinos cambios de temperatura o a las molestias en general. La cárnica, por ejemplo, es tendente a volar durante los días luminosos o con el aumento de la temperatura, mientas que nuestra variedad, en estas condiciones, prefiere estar del todo inactiva. En realidad, nuestras colonias parecen estar inertes desde el comienzo de noviembre hasta finales de febrero, o en todo caso, hasta que durante la primavera no se presenten las condiciones para efectuar un vuelo de purificación satisfactorio. Cualquier actividad durante un tiempo inclemente causa una pérdida de energía en las abejas sin ningún objetivo ventajoso, como queda confirmado por nuestra experiencia práctica en todas las circunstancias similares.

6.   **Desarrollo primaveral**

El siguiente punto de importancia es el desarrollo primaveral. Nunca será lo suficientemente subrayado que la manera en la cual las abejas arrancan en la primavera, ya sea tanto tempranamente como con retraso, es un factor hereditario. Según mis experiencias, que naturalmente se basan en las condiciones climatológicas del sureste de las islas británicas, el arranque primaveral tiene que ocurrir sin el uso de ninguna alimentación estimulante, y no tiene que tener comienzo antes de que las condiciones meteorológicas sean favorables. Una vez que éstas comienzan, tienen que seguir sin interrupciones climatológicas. La abeja Anatoliaca, también cuando es cruzada con otras variedades, en este aspecto es la abeja ideal. Las abejas que arrancan con antelación gastan su vigor en vuelos con difíciles condiciones climatológicas, los cuales no traen ninguna ventaja, sino más bien, en la realidad de los hechos, resultan ser nocivas para ellas. Es bien sabido que las colmenas que arrancan antes respecto a colonias más tardías están sujetas al nosema. Estas últimas, casi siempre, adelantan a aquellas colonias precoces y, sobre todo, al mismo tiempo, dado que no han gastado su vitalidad inútilmente y de manera inoportuna. El declive de las colonias que constantemente son registrados por parte de muchos a menudo no es otra cosa que el resultado de un desarrollo primaveral demasiado precoz.

Lo que el apicultor moderno necesita es una abeja que no necesita una alimentación estimulante y que en primavera tenga un desarrollo espontáneo, por su propia iniciativa. De esta forma, le serán ahorrados todos los peligros, los gastos y los esfuerzos requeridos por parte de un desarrollo artificial. De la misma manera, tiene que ser espontánea también la capacidad de las abejas de mantener un alto nivel de reproducción hasta el final del verano, que a través de abejas jóvenes puedan garantizar a la colonia la máxima fuerza posible para poder invernar y arrancar después en primavera.

7.   **Capacidad de ahorro**

Esta capacidad de ahorrar energía o también definida como frugalidad es una importante cualidad estrictamente conectada con el desarrollo de la campaña al completo. Los clásicos ejemplos extremos son la abeja cárnica por un lado y la italiana por el otro, y entre las diferentes variedades. Las italianas criadas en América generalmente no son frugales, mientras que la anatoliaca es más frugal que la cárnica. No hay duda para mí de que esta característica sea una cualidad muy carente en las variedades modernas, y esto provoca grandes desventajas en el manejo, desde un punto de vista comercial y práctico.

8.   **Instinto de aprovisionamiento**

Esta característica, estrictamente relacionada con la anterior, normalmente se manifiesta hacia el final del flujo de néctar principal. El almacenamiento de la miel en el nido en momentos inoportunos, como ocurre a menudo en el caso del auto aprovisionamiento, es una gran desventaja. La cárnica es bastante propensa a crear reservas en el nido con mucha antelación, la italiana es la menos proclive. La mejor respuesta a nuestras necesidades es una vía intermedia entre estos dos extremos. La evaluación en la suma de las reservas de las cuales cada colonia dispone cuando vuelven desde los brezales juega un rol muy importante en nuestro trabajo de selección.

9.   **Uso de los panales**

La manera en la cual las abejas se sirven a partir de sus panales para la miel es otro anillo de la cadena de los factores relacionados con el auto aprovisionamiento. Nosotros entendemos que hay dos tendencias opuestas, el almacenamiento cerca del nido y el almacenamiento lejos de este último. En nuestra selección, intentamos conseguir una tendencia a almacenar lejos de los nidos al comienzo de la temporada, junto a la tendencia a almacenar cerca del nido durante el final del flujo melífero principal. El almacenamiento lejos del nido favorece la construcción de los panales de cera y también el auto aprovisionamiento, mientras que, al mismo tiempo, actúa como un freno contra la fiebre de enjambrazón. Un nido sin limitaciones desde el final de mayo hasta el final de julio es absolutamente esencial en las regiones en las cuales el flujo de miel es tardío. Durante la entrada de miel de los brezos, el apicultor no tiene que preocuparse, porque el instinto natural de autoconservación de las abejas origina un cúmulo de las reservas invernales en el nido.

La cárnica tiende a almacenar cerca del nido, un rasgo muy marcado sobre todo hacia el final del verano, La italiana al revés, así como la mayoría de las razas, que se encuentran en medio entre los dos extremos. La caucásica es otro ejemplo que almacena la miel cerca del nido. Además, esta última coloca el almacenamiento de la miel recién recogida en el menor número posible de cuadros. La ventaja de este método de almacenamiento consiste en que, al término del flujo de néctar, o cuando de repente se para, nos encontramos las celdas llenas por la mitad o sin opercular. Esto es esperable para preservar la miel, especialmente en los climas húmedos. La italiana tiende a ser todo lo contrario. Desde el punto de vista de la selección, lo que necesitamos es una medida intermedia entre las dos condiciones.

10. Producción de cera y construcción de los panales

Un instinto innato de construir panales de cera es una característica muy importante: cualquier falta de impulso en la construcción de panales de cera, casi siempre conduce a una serie de actividades desventajosas. Hay diferencias bastante marcadas entre un impulso a la construcción de los panales entre las diferentes razas. Por lo que he podido experimentar, la antigua abeja inglesa era de las constructoras de panales más apasionadas. No solamente era muy rápida en la construcción de la cera, sino también con una perfección que nunca he vuelto a ver en ninguna otra raza. Hemos tenido la suerte de poder conservar esta característica en nuestra variedad. Esto, para nosotros, es una gran ventaja, porque prácticamente cada año hemos tenido la necesidad de renovar todos los cuadros de las medias alzas.

Un arranque en la construcción de los panales altamente desarrollado ejerce un influjo indirecto sobre la cosecha de miel, dado que una abeja que sea carente de este impulso es más proclive a enjambrar. Mis experiencias me han convencido de que la cárnica está carente de este empuje, y claramente es una de las causas de su excesiva inclinación hacia la enjambrazón. El arranque de los panales, sin duda, incentiva la laboriosidad en general.

Estrictamente relacionada con esta característica está la de constituir celdas de zánganos. Si el crecimiento de una colonia es dudosa y no hay una continuidad en el desarrollo, el resultado es un incremento de la cría de zánganos, y la presencia de una cantidad indeseada de zánganos. Estoy convencido de que una selección cuidadosa puede llevar a un incremento en el impulso de construir panales, conjuntamente con una diminución de la tendencia a criar zánganos.

11. Recolección de polen

El impulso en la recogida de polen no es el mismo que el de la recogida de néctar. La cárnica y la italiana no recogen polen en exceso, mientras que, en general, las razas de Europa occidental con unas incorregibles recogedoras de polen. Una variedad italiana difícilmente recoge una cantidad excesiva de polen, aunque esté presente en un área muy abundante, y una abeja francesa llenará su colmena con polen más allá del excluidor de reina y lo almacenará en las medias alzas.

Esta característica casi extraordinaria de recoger polen, muy difícilmente se observa en otras razas, y es un factor hereditario. En las regiones escasas de polen, o donde la polinización de las plantas es más tomada en consideración, este rasgo beneficia a la plantación, especialmente donde hay escasez de polen en los meses otoñales, dado que una insuficiencia en este periodo del año es considerada una de las causas principales del nosema.

12.   Longitud de la lígula

Hasta hace un tiempo, la longitud de la lígula estaba considerada un factor de gran importancia, sobre todo donde crecía el trébol rojo. Debido a las cortas lígulas de las razas de Europa occidental, éstas no son capaces de recoger el néctar del trébol rojo. La italiana y la cárnica, durante un tiempo, en aquellas regiones, hacían cosechas consistentes con este trébol. Hoy en día esta plantación está en declive en todas las regiones, hasta el punto de que, como fuente de néctar, actualmente no tiene valor ninguno.

Por lo que sé, la cuestión de la longitud de la lígula no tiene importancia en ninguna otra fuente de néctar. En la selección hay que prestar atención a una sola característica de ciertas razas, por lo menos en aquellas regiones en las cuales se da mucha importancia al color de la miel. Hay razas y cruces que son proclives a la importación de néctar de inferior calidad en el mismo lugar y en la misma condición de flujo de néctar, mientras que, por ejemplo, la italiana y la cárnica hacen miel de calidad superior – también esto es un factor hereditario.

Cualidades que influyen en el manejo

Nos referimos ahora a aquellas características que no influyen en las prestaciones o en la producción, pero que no son menos esenciales para conseguir nuestros objetivos secundarios, o sea, aquellas relacionadas con el efectivo manejo de las abejas. Aquí nos ocuparemos principalmente de los rasgos que alivian el trabajo del apicultor y que, al mismo tiempo, tienen un valor estético.

1.   Temperamento dócil

Aunque las opiniones entre apicultores difieren enormemente sobre el valor de las diferentes características, en un punto parece ser que estamos todos de acuerdo: en el valor de la abeja de temperamento dócil. Un mal carácter dificulta el trabajo, provoca una inmotivada pérdida de tiempo, sin hablar de los continuos problemas con los vecinos. Por suerte, el buen temperamento es una característica hereditaria que en una variedad puede ser introducida fácilmente. Nuestra experiencia ha demostrado que no hay dificultad en seleccionar, en pocas generaciones a partir de cruces con las más acérrimas piconas, abejas de buen temperamento. Tal vez ocurra que en el primer cruce se presente un rasgo de mal temperamento que no era evidente en ninguno de los dos padres. Por otro lado, a veces ocurre también al revés. Conozco ejemplos de ambos casos: un primer cruce entre siria y Buckfast y uno entre *Adami* y Buckfast.

No queremos eliminar solo el mal carácter, también la tendencia a atacar y perseguir a la gente. Un clásico ejemplo de propensión a atacar nos lo proporciona el grupo de razas de Europa occidental. Es bien conocido que cualquiera que se acerque a tales colonias está expuesto al riesgo de ser picado sin ninguna provocación por su parte. Esta es una característica de las variedades oscuras de Europa occidental, en cualquier lugar donde éstas se encuentran. Por otro lado, las razas orientales son generalmente tranquilas mientras que la colonia no sea molestada: en el caso de que esto pase, las abejas demuestran una propensión a atacar y perseguir a la gente hasta un nivel realmente increíble. También en la Biblia se habla de esto.

Todas las variedades de *Apis mellifera* con temperaturas bajas se ponen irritables. Algunas de ellas, como la anatoliaca y la sahariana, se ponen muy agresivas a la madrugada, cuando hace frío, y por la tarde-noche también, aunque normalmente son tranquilas como las otras razas. De hecho, la sahariana, con temperaturas que rodean los veinte grados centígrados, son tranquilas como la cárnica, y una colmena puede ser inspeccionada sin el uso del ahumador ni de ninguna otra manera para gestionarlas. Cuando la temperatura está por debajo de los quince grados centígrados, se verifica al revés.

2. Comportamiento manso

Dos ulteriores características que facilitan el trabajo del apicultor son el comportamiento manso y la capacidad de quedarse firmes en los cuadros. Algunas razas y variedades son nerviosas y abandonan fácilmente el cuadro, con el resultado de que, cuando se manejan las colonias, se pierde tiempo y la búsqueda de la reina se pone más difícil. La cárnica es el ejemplo perfecto de un comportamiento extremadamente tranquilo, calmo y con gran capacidad para quedarse en el cuadro.

3. Reticencia a propolizar

La costumbre que muchas razas tienen de cubrir todas las superficies internas de la colmena con propóleo es uno de los rasgos menos grato de las abejas. Esta actividad, absolutamente necesaria, en una colmena moderna aumenta de manera considerable el trabajo del apicultor.

Hay algunas razas, como la caucásica, que tienen un fortísimo impulso a propolizar, mientras que otras, como la egipcia y la verdadera cárnica, que recurren raras veces. Las cárnicas de hace más de cincuenta años, en lugar de propolizar, utilizaban pura cera. Esta me parece ser una característica hereditaria de la verdadera cárnica. Es un rasgo que, en la variedad de la cárnica de hoy en día, lamentablemente falta por completo.

Mi experiencia me ha enseñado que es extremadamente difícil eliminar o simplemente reducir el impulso a propolizar. Parece ser que esto depende de una serie de factores dominantes, mientras que el impulso contrario sirve para reconducir a factores recesivos. Cruces con la abeja egipcia han confirmado estas hipótesis.

4. Puentes de cera entre cuadros

La presencia de puentes de cera entre los cuadros, entre los cabeceros de los cuadros y entre tapas, es un elemento que crea grandes dificultades en el trabajo de inspección de las colonias. En una medida u otra, es un inconveniente presente en todas las razas: en menor escala en las razas naranjas – doradas del este, como la fasciata, siria, chipriota, etc. y mayormente presente en las variedades caucásicas y anatoliacas. Es casi imposible abrir la típica colonia caucásica después de un flujo de néctar sin hacer palanca entre los cuadros, y cada cuadro dentro de la colmena tiene que ser despegado con fuerza. Los puentes de cera, no solamente imponen mayor trabajo, sino también causan el aplastamiento de una cantidad de abejas, tal vez de las reinas, y, por tanto, provocan también picaduras. En la naturaleza, por ejemplo, en un tronco hueco de un árbol, los puentes entre los panales de cera tienen una función, pero en la moderna colmena son solamente una desventaja. Por suerte, es una característica que puede ser fácilmente eliminada con el cruce selectivo en pocas generaciones, a menudo, cuando los apareamientos ocurren de manera correcta, hasta en la F2.

5. Limpieza

Hay diferencias considerables entre las distintas razas en lo que concierne al sentido de la higiene y la capacidad de mantener la colmena limpia. Las abejas, que toleran la presencia de cera enmohecida, tienen un sentido de la higiene que es mínimo. Existen razas de abejas de este tipo. Es evidente que la resistencia de las colmenas contra las mariposas de la polilla depende, en buena medida, de la limpieza. Hace tiempo, cuando teníamos la antigua abeja inglesa, dábamos por hecho la presencia de la polilla, como hacemos actualmente con las formas de *Apis m. intermissa* de Europa occidental. Desde la existencia de la abeja antigua inglesa, nunca he vuelto a ver mariposas de la polilla en nuestras colonias.

Los experimentos hechos en América en cuanto a la lucha por prevenir enfermedades de la cría, demuestran claramente que la resistencia a la loque americana se basa, en gran medida, en un sentido de la higiene altamente desarrollado.

6. Opérculos

En los países como Inglaterra, donde hay demanda de la miel en panal, el arte de opercular la miel en los panales es un factor de gran importancia. El listado de los modelos y de los moldes para rellenarlos de miel es casi infinito. La antigua abeja inglesa ofrecía un ejemplo insuperable de sus opérculos como los más perfectos y sellados. No hay otra raza que muestre la misma forma de los opérculos; eran de un blanco inmaculado en forma de cúpula, con el perfil de cada celdilla claramente delineado.

La forma de los opérculos, la silueta y color, vienen determinados por la raza. Lo mismo ocurre respecto a la manera con la cual están cerradas las celdas de la cría. La cárnica puede producir opérculos blancos como la nieve, pero éstos son completamente planos y faltos de cualquier forma irregular; la italiana produce opérculos blancos, pero con una forma bastante burda; los de la anatoliaca son igualmente blancos; pero el tercio inferior es de un gris característico, y el perfil de cada celda no es muy marcado; la mayoría de las razas orientales sella la miel en opérculos grises oscuro. Cuando aparecen los opérculos blancos, hay siempre un espacio entre la miel y el mismo opérculo de la celdilla. Es posible, estudiando cuidadosamente la forma base de los opérculos de la miel, determinar la raza de abeja que los hace, y, según mi opinión, esto es uno de los aspectos más interesantes de nuestro trabajo de selección.

La selección para obtener el tipo de opérculo que a nosotros más nos interesa encuentra muchas dificultades, dado que el proceso interno para opercular depende de muchos factores. Tal vez se consigue gracias a la abeja griega, *Apis m.cecropia*, pero, hasta ahora, no hemos conseguido fijar este factor. En muchas ocasiones, nos hemos encontrado con el modelo perfecto, pero todos nuestros esfuerzos en seleccionar este rasgo en una variedad nunca, hasta ahora, nos han llevado a ningún resultado. Aun así, en esta parte del trabajo se consiguieron algunos progresos, y obtener opérculos con un aspecto bonito es parte integrante de nuestro programa de selección.

7.   Sentido de la orientación

Un sentido de la orientación altamente desarrollado, o sea, el instinto para encontrar el camino de vuelta, es una ventaja inestimable, aunque sea de menor importancia allá donde las colmenas están colocadas individualmente o en grupos de cuatro, en donde cada una está colocada en una diferente posición. Por otro lado, un agudo sentido de la orientación es de máxima importancia cuando las colmenas están colocadas en largas filas y todas hacia la misma dirección, o como normalmente se colocan en el continente, una encima de la otra, o también, cuando nos las encontramos en las casas – apiarios. En todos estos casos una falta de orientación facilita la deriva y la difusión de las enfermedades infecciosas.

Un escaso sentido de la orientación se manifiesta también en otra situación, es decir, cuando las reinas de vuelta de sus vuelos de fecundación se pierden. El número de pérdidas muestran claramente cuáles razas tienen un sentido de la orientación más desarrollado. Nuestra experiencia demuestra que es el caso de las razas egipcia y chipriota. Esto no será una sorpresa para nadie que haya tenido la oportunidad de frecuentar la tierra de origen de estas razas. Las colonias, aun hoy día, están ubicadas de la misma manera en que lo estaban en los tiempos más remotos, los cilindros de creta superpuestos en pilas de cuatro o cinco cilindros, arrimados el uno con el otro formando así un largo muro donde no hay ninguna particular marca en las piqueras – todo esto requiere un sentido de la orientación muy desarrollado. Una vez, en nuestra estación de fecundaciones, en un lote de 110 reinas chipriotas perdimos solamente una, y estábamos en una época avanzada, cuando los fallos son mayores.

Estas son las cualidades esenciales que buscamos en nuestro programa se selección. El aspecto exterior sirve como herramienta para acertar la pureza de una variedad o, como veremos después, como punto de inicio para una selección intensiva, en el caso del cruce selectivo, aunque nunca debe ser tomado en consideración como una indicación infalible de elevada capacidad de recoger miel. Como he subrayado, la prestación no depende de un único factor, sino siempre de una armoniosa interacción entre una serie de factores diferentes. Cuanto más perfecta sea esta armonía, mayor será el potencial de la prestación.

La selección como herramienta para luchar contras las enfermedades

En el apartado titulado "Las cualidades más importantes para el rendimiento" una de las cuatro características nombradas era la resistencia a las enfermedades. Dado que este es uno de los aspectos más importantes de la selección, y un aspecto que requiere una argumentación más profundizada, me parece que este es el momento de adentrarse en un detallado examen de la cuestión, o sea, cómo luchar contra las enfermedades a través de la selección genética.

Hoy está generalmente reconocido que la selección tiene un rol determinante en la lucha contra las enfermedades, tanto en el reino animal como en el vegetal. Es verdad que nuestro primer objetivo en todo el trabajo de selección es aumentar el nivel de las prestaciones y de la producción de miel. Sin embargo, los mejores resultados se pueden obtener solamente cuando éstos están acompañados por la ausencia de daños provocados por las enfermedades. Hoy tenemos a disposición una impresionante cantidad de herramientas de prevención que son requisitos esenciales para muchos. Por otra parte, estas herramientas tienen que ser consideradas solamente una ayuda extraordinaria, dado que, a menudo, llevan consigo consecuencias verdaderamente desagradables.

Además, hay otra cuestión: incluso cuando el uso de una de estas medidas tiene éxito y erradica una enfermedad, siempre está presente el peligro de que la infección se vuelva a presentar. Como máxima prioridad de todas las selecciones prácticas efectuadas con seriedad, tiene que estar presente siempre la selección de una variedad que sea genéticamente inmune o resistente a las enfermedades.

Esto, naturalmente, presenta la cuestión de si es posible luchar esta batalla contra las enfermedades utilizando la selección. Hasta ahora, siempre se ha puesto en duda esta posibilidad, por lo menos hasta hace pocos años. Todas las criaturas vivientes están provistas de la capacidad de protegerse de las enfermedades, y es sobre esta capacidad en la que en la selección tenemos que intervenir. En esto la abeja no representa una excepción. En este caso, la selección no es efectuada en cada individuo, sino en las colonias de diferente población. Añadido a esto, la fuerza de una colonia durante el año está sujeta a continuos cambios. Si todos los seres vivos disponen de herramientas para hacer frente a las enfermedades en diferentes medidas, ¿por qué razón la abeja tendría que ser una excepción? El factor decisivo en este tema tiene que ser la experiencia. Antes de proporcionar una respuesta definitiva es necesario exponer los problemas que todo esto conlleva.

Sobre cada una de las enfermedades, sus causas, el tratamiento y la prevención, tenemos a disposición una cantidad de material natural práctico y científico casi infinito. En la lucha contra las enfermedades abordadas por medio de la selección y también las posibilidades que esta herramienta nos devela, aún no hay suficiente información. Esta falta de información se explica fácilmente: son solamente unos pocos los institutos científicos y los centros experimentales que disponen de los recursos necesarios para un proyecto de este tipo. Para obtener comparaciones positivas, no es sólo necesario un gran número de colonias, sino también un gran número de puntos de referencia que solamente las diferentes razas y variedades nos pueden proporcionar. Si nos ocupamos de una sola raza o de una línea en pureza, las únicas diferencias que aparecen son exclusivamente de una particular raza o línea, y no podremos obtener ninguna revelación sobre la selección de las potencialidades ventajosas de otras líneas, cruces o razas, sobre todo en la lucha contra las enfermedades. Seleccionando los animales o las plantas, el rol decisivo en esta lucha es esencialmente disponer de la selección de los cruces entre razas.

Resistencia e inmunidad

Antes de seguir y tratar las diferentes enfermedades y la posibilidad de combatirlas a través de la selección, creo fundamental dar una precisa definición de las palabras "resistencia" e inmunidad". Estas dos palabras a menudo son utilizadas indistintamente, y puede llevar a confundirnos. Estoy convencido de que es esencial hacer una clara distinción entre las dos palabras – una distinción, por cierto, que corresponda a la realidad -,de lo contrario se corre el riesgo de provocar una continua confusión y de comenzar desde una premisa equivocada.

No hay ninguna posibilidad en el inglés moderno de utilizar erróneamente una palabra en lugar de otra. La palabra "resistencia" indica una fuerza y una capacidad de superar la debilidad, el concepto es el de una lucha entre dos adversarios entre los cuales el más fuerte, gana. La "inmunidad", por otro lado, indica algo más: la total ausencia de vulnerabilidad hacia una enfermedad, sin excepción. Entonces, resistencia se refiere a un nivel intermedio entre los dos extremos: vulnerabilidad e inmunidad hacia las enfermedades. En otras palabras, la resistencia se muestra con diferentes grados de intensidad entre los dos extremos, y, por tanto, en determinadas condiciones desfavorables, el individuo puede ser atacado y sucumbir del todo. Esto puede ocurrirle a todos los organismos vivos. La inmunidad puede ser hereditaria, pero con la vacunación se puede obtener una inmunidad artificial. Obviamente, no se pone en cuestión vacunar a las abejas, aunque probablemente hay una inmunidad innata que concierne a dos enfermedades, la parálisis y la cría calcificada.

El experto apicultor tiene que contentarse con una resistencia altamente desarrollada que permita a las abejas hacer frente a las enfermedades, dado que, en nuestro caso, la inmunidad total no se puede conseguir. Pero esta resistencia altamente desarrollada responde con creces a todas las necesidades de la apicultura moderna, como viene confirmado por una larga experiencia en el campo.

Datos contradictorios

Como ya dije, nos estamos ocupando de los problemas por los cuales se ha puesto en cuestión la posibilidad de éxito, y en el cual tenemos a disposición pocas pruebas que sean incontestables. Es una especializada área, en la cual los investigadores de los laboratorios proporcionan datos completamente contradictorios respecto aquellos que aporta la experiencia de los apicultores a pie de campo. Cuando esto ocurre, es decir, cuando la hipótesis y la teoría están en conflicto con la experiencia práctica, yo soy de la idea de que tiene que ser determinante el resultado obtenido a través del trabajo con las colmenas en circunstancias normales. Los experimentos hechos en laboratorios no siempre corresponden al ciclo normal de la Naturaleza, y a las reacciones correspondientes de esta última. Esto es un hecho que no siempre está reconocido, y tal vez es hasta ignorado. Para confirmar esta última frase quiero citar un ejemplo: en el laboratorio, una medida contra la varroa daba como resultado el 100% de éxito, pero, según la misma relación oficial, resultaba un total fracaso en los apiarios. También los experimentos a pequeñas escalas, una vez conducidos en las condiciones naturales, pueden desviarnos. El apicultor práctico, y sobre todo el profesional, que disponen de los medios de sustento, tienen que confiar completamente y solamente en los resultados concretos. No pueden permitirse cometer errores.

A pesar de todo, sobre estas dudas y los conflictos entre teoría y práctica en esta esfera, no tengo ningún titubeo en exponer mis experiencias sobre la posibilidad de apelar a la selección como herramienta contra las enfermedades. Siento que lo puedo hacer de manera legítima dado que mi experiencia, gracias a innumerables experimentos desarrollados como solución a estos problemas, cubre un arco de tiempo de más de medio siglo, en el cual he trabajado con casi todas las razas de abejas y con una gran variedad de cruces.

La lucha diaria contra la dura realidad y el constante contacto con las abejas no deja de hacernos tomar conciencia y conocimiento a cualquiera de nosotros sobre el mundo de las abejas, y no puede ser adquirida en el aislamiento de la sola investigación. Sin embargo, a pesar del valor de mi experiencia, soy perfectamente consciente de cuánto mi relato está lleno de lagunas. Puedo, quizás, describirlo como un breve sumario del mundo en el cual hoy consideramos que la selección puede ser utilizada en la lucha contra las enfermedades, y, de la misma manera, las posibilidades que en este campo podemos disponer.

Enfermedades de la abeja adulta

Acariosis

Las mayores pérdidas para los apicultores de cualquier país causadas por una enfermedad se adscriben a la acariosis (*Acarapis woodi*). Los primeros casos de esta enfermedad se manifestaron en 1.904 en la isla de Wight. En pocos años las cifras oficiales mostraron que el 95% de las colonias de abejas de Gran Bretaña habían sido literalmente liquidadas por esta enfermedad. La epidemia alcanzó el pico entre 1.914 y 1.916; fue entonces cuando, ya desde mis primeros días como apicultor, estuve obligado a enfrentarme en un cuerpo a cuerpo con esta enfermedad. Hasta hace solo unos pocos años estuve en contacto con el apicultor de la isla de Wight, donde, en su apiario, cayeron las primeras víctimas de la acariosis.

En el "BeeWorld" de 1.968 se hizo público mi amplio relato titulado *Isle of Wight or "Acarine" Disease: Its Historical and Practical Aspects* (La isla de Wight, o bien la epidemia de acariosis: aspectos históricos y prácticos). En este artículo subrayé que en 1.919 los esfuerzos del Ministerio de agricultura de Inglaterra para hacer frente a las bajas se basaban en el hecho de que las abejas italianas eran, en parte, resistentes a la acariosis. Esto fue afirmado en un momento en el cual la causa de la enfermedad era todavía desconocida.

La experiencia práctica, en poco tiempo, demostró de manera definitiva que sobre la vulnerabilidad hacia esta enfermedad había diferencias sustanciales entre diferentes razas. Podemos agradecer este hecho en el caso de que nuestra apicultura, durante el periodo crítico de la epidemia, no se detiene. Además, ha sido pura casualidad que algunos años después nos hayamos dado cuenta de que la resistencia o la vulnerabilidad hacia la acariosis era un factor hereditario.

El verano de 1.921 en el sureste de Inglaterra fue uno de los mejores años del siglo. Durante este año nos encontramos con dos reinas hermanas, pertenecientes a una serie de buenas reproductoras, que en sus prestaciones se demostraron excelentes. Consecuentemente, el año siguiente las usamos como reinas reproductoras. Sus progenies mostraron que en un caso eran extremadamente vulnerables a la acariosis, y en el otro caso, extremadamente resistentes.

Aunque esto fuese un caso evidente y hasta convincente, sin embargo, si no hubiese habido una constancia, no se podría mencionar como prueba de hecho que la resistencia o vulnerabilidad a la acariosis sea un factor hereditario. Una demostración de este género requiere, obviamente, para derrotar todas las dudas y certidumbres, un número suficiente de episodios, experimentos y comparaciones. Un ulterior episodio similar, de importancia mayor, se verificó inmediatamente después.

En 1.924 recibimos como objetivo de investigación dos reinas reproductoras enviadas por el encargado de apicultura del Ministerio de Agricultura, que las había traído de América septentrional el verano anterior. Las reinas pertenecían a una línea de italiana de primera clase, que había sido desarrollada en Estados Unidos por parte de una empresa bien conocida, y considerada como una de las mejores variedades para la producción de miel. Pronto se demostró una variedad verdaderamente excelente, también en nuestras condiciones climatológicas; pero justo después de dos años de extensos experimentos nos encontramos que, a pesar de todas sus cualidades, esta variedad no resultaba satisfactoria en nuestro medio, por la sencilla razón de que manifestaba una gran vulnerabilidad a la acariosis.

Aquí está el punto más interesante de este caso: treinta dos años después decidimos importar algunas reinas de esta variedad, para verificar si presentaban el mismo grado de vulnerabilidad a la acariosis. Las dos reinas llegaron sobre la mitad de julio de 1958 y las introdujimos en colonias de nuestro apiario central, de manera que podíamos tenerlas fácilmente bajo revisión constante. Su desarrollo en la siguiente primavera no dejó qué desear, y aunque ambas colonias habían salido del invierno solamente en cuatro cuadros Dadant, sobre la mitad de junio de 1.959 ocuparon nuevos cuadros Dadant. Teníamos la intención de utilizarlas a ambas para fines productivos, pero esto no fue posible

Hacia el final de julio, de repente, las abejas de una de las dos reinas americanas desplomaron sus prestaciones. Para evitar cualquier duda, enviamos en seguida unas muestras a Rothamsted para que fueran analizadas. La respuesta oficial confirmó nuestro temor: todas las abejas estaban infectadas de acariosis. No había rastro de nosema, de ameba, ni de ninguna otra enfermedad. El comportamiento que se manifestaba duró algunos días, y después de perder la mayor parte de las abejas de la colonia, recuperó un poco de densidad antes del invierno. Pero como se podía prever, estaba condenada a la extinción, y esto se manifestó en poco tiempo. En la otra colonia nunca se presentó la enfermedad hasta la primavera siguiente, pero lo hizo de manera todavía más letal.

Es importante recordar un punto: en la época en la cual se presentó este malestar, o sea, en julio de 1.959, en nuestro apiario, principalmente había otras 38 colmenas, y ninguna de estas mostraron el más mínimo signo de acariosis. Además, aquel mismo verano, la temporada fue buena, y nuestras colmenas alcanzaron una media de 72 libras. Ni siquiera la condición más favorable de un buen flujo de néctar pudo actuar de freno contra el progreso de la acariosis. Las favorables condiciones producen este efecto solamente si existe una correspondiente resistencia. No hay duda de por qué estos decisivos factores son desconocidos o no correctamente definidos, teniendo en cuenta que sobre esta enfermedad encontramos puntos de vista claramente contradictorios. Podría citar una cantidad de ejemplos similares sobre la vulnerabilidad y la resistencia a la acariosis, extraído de mi experiencia, pero esto no es realmente necesario. No hay ninguna duda de que en los casos mencionados tenemos una extrema vulnerabilidad a la enfermedad, por un lado, y por otro una alta resistencia contra ésta, desarrollada hereditariamente. Yo, por lo menos, por lo que respecta a esta enfermedad, no conozco ninguna otra explicación.

Todos mis experimentos muestran que la capacidad para resistir a la enfermedad no se busca en la inmunidad, sino solamente en la resistencia. Como ya he subrayado, esto es suficiente para nuestros objetivos, como ampliamente quedó demostrado por nuestra experiencia en pleno auge de la infección. La mejor forma de defensa contra la acariosis es la selección y está demostrado por el hecho de que en los treinta y ocho o más años transcurridos no hemos tenido nunca un solo caso de acariosis en las colonias de nuestra línea, a pesar de nuestro medio ambiente, que es la principal razón por la que muchas de nuestras abejas en esta área caen víctimas muy rápidamente debido a esta enfermedad. Como conclusión, cualquier abeja que sea vulnerable a la acariosis no puede sobrevivir en las condiciones climatológicas del Devon suroccidental.

Es interesante observar que todas las variedades de América septentrional y las de Nueva Zelanda, al menos sobre las reinas que nosotros hemos testeado, se han demostrado extremadamente vulnerables a la acariosis. Nuestros resultados han sido confirmados en el transcurso de los años en cualquier parte de Gran Bretaña y también en Francia, donde se han hecho extensas experimentaciones. La razón por la cual estas variedades son así de vulnerables es todo un misterio.

Desde el punto de vista de la selección, sería naturalmente de gran ayuda conocerla, para que pudiéramos descubrir la verdadera causa de la resistencia y de la vulnerabilidad. Pero todas las indagaciones llevadas a cabo por los institutos de investigación de Francia, Italia y Checoslovaquia han podido comprobar, únicamente, que ésta no se debe a una anomalía anatómica.

La razón de la resistencia a la acariosis nos es desconocida. Parece verosímil que esté relacionada con el fenómeno similar de la resistencia que aparece con el avance de la edad de las abejas, dado que en las abejas con más de nueve días de vida el ácaro no puede introducirse en las tráqueas. No se sabe por qué esto es así, pero se puede suponer que en la base de ambas formas de resistencia que estamos tomando en consideración, la resistencia reconducible a la edad aparecería antes, y prevendría así la enfermedad, o, por lo menos, impediría su difusión, a tal punto que la explosión de una ligera epidemia no tendría efectos de importancia sobre la salud o sobre la prestación de la colonia. Esta hipótesis es considerable, y podría abrir nuevos caminos sobre muchos de los aspectos de la acariosis y sobre las experiencias de quien lo tuviera que afrontar. Ahora se tendría que mencionar otro aspecto: en patología y en biología general, la causa de una enfermedad generalmente es desconocida, pero esto no ocurre por la inmunidad, la resistencia y la vulnerabilidad. Por tanto, el hecho de que las razones por las cuales la resistencia a la acariosis sean ignoradas no representa un caso excepcional.

En la selección de los reproductores no tenemos, por lo tanto, colmenas "maestras" válidas a disposición, sino aquellas que pueden ser elegidas a través de la observación por microscopio o a través de signos evidentes de la enfermedad. De igual manera, no somos capaces de comprobar cual sean los factores hereditarios que influyen en la resistencia o en la vulnerabilidad. La selección puede así orientarse solamente sobre una total ausencia de síntomas de la infección. Un progreso en la selección puede obtenerse muy fácilmente y de manera fiable en lugares donde la vulnerabilidad aparece muy rápidamente, como por ejemplo en el Devon meridional.

Me centraré en detalle sobre los aspectos diferentes de la lucha contra la acariosis a través de la selección:

1. Por qué tenemos claras las posibilidades a nuestra disposición basándonos en este argumento;

2. Por qué estas posibilidades han sido ampliamente discutidas por distintas partes, a pesar de su evidencia, basada en conclusiones obtenidas a través de una observación de largos periodos.

Nosemosis

Otra enfermedad que el apicultor moderno, antes o después, se encontrará y deberá afrontar es el nosema. Tengo que adelantar que, por lo que se sabe hasta ahora, no existe entre las abejas una resistencia evidente hacia esta enfermedad, a excepción, quizás, de las razas orientales, como la egipcia, la siria y, sobre todo, la chipriota.

Hoy en día es difícil que exista una colonia que esté del todo libre de nosema, pero en la mayoría de las colonias no hay signos reales de la enfermedad. Tienen que existir también aquí una vulnerabilidad y una resistencia. Según mi opinión, lo que provoca resistencia o protección contra la explosión del nosema es siempre la vitalidad de la colonia. Circunstancias desfavorables, mala condición del flujo de néctar, condiciones climatológicas adversas y una injustificada interferencia en las colmenas por parte del apicultor – todo esto influye en el desarrollo de esta enfermedad. Pero en último análisis, es la vitalidad la que controla la intensidad de cualquier epidemia del nosema, y, por tanto, su desarrollo.

Las enormes bajas causadas por esta enfermedad son principalmente debidas a los métodos apícolas modernos, y especialmente por la improvisada manía de la selección en pureza, que no presta atención a los peligros de la endogamia. No puedo estar de acuerdo con quien defiende que la principal causa del nosemosis sea la falta de polen. En el Devon suroccidental, en agosto, hay siempre abundancia de polen, pero a pesar de esto los casos de nosemosis se vuelven a presentar cuando falta el factor decisivo, la vitalidad de la colonia. Naturalmente, una vitalidad óptima no es posible sin una suficiente presencia de polen.

A diferencia del caso del acariosis, en ninguna raza podemos notar una particular resistencia hacia la acariosis. Por tal razón, hay una marcada variabilidad en los grados de vulnerabilidad. La caucásica es un caso de alta vulnerabilidad, y valdría también para todas aquellas razas que son inquietas durante los meses invernales y que comienzan el desarrollo demasiado pronto al comienzo de la temporada.

Para luchar contra el nosemosis utilizando la selección tenemos que, en primer lugar y hasta que sea aconsejable, evitar todo lo que produce una pérdida de vitalidad, y en esto lo primero que hay que tomar en consideración es la endogamia. En mi opinión, la resistencia al nosemosis no se debe a un factor individual sino a una serie de factores relacionados entre sí: además de la vitalidad, un fuerte impulso a recoger polen – en este vínculo hay muchas variaciones hereditarias; una cierta latencia innata durante el invierno y la primavera, de manera que las abejas están protegidas de cualquier forma de molestia, y, para terminar, la reluctancia en desarrollar larvas prematuramente.

Está claro que, desde el punto de vista de la selección, en el caso del nosema nos encontramos frente a un complejo problema. El *Apis mellifera* parece tolerar la presencia de este parásito en tal medida que la posibilidad de una simbiosis no puede ser excluida – una especie de actitud "laissez faire". En pocas palabras, la resistencia al nosema depende de una combinación global de circunstancias que puede verse condicionada de manera considerable a través de la selección.

Parálisis

Otra enfermedad de la abeja adulta es la parálisis, o aquella forma de parálisis que a menudo ocurre cuando las abejas recogen la mielata de los pinos. No tengo la competencia necesaria para comparar entre las dos formas de parálisis, pero es un hecho que los síntomas de las dos enfermedades son muy similares, sino idénticos. Todas las indicaciones afirman que nos estamos ocupando de un grupo de enfermedades que se parecen mucho la una a la otra y que están difundidas en todo el mundo.

Según el trabajo de investigación conducido por el Docto. Bailey, de Rothamsted, la parálisis es debida a una infección viral que se puede desarrollar solamente cuando hay una predisposición hereditaria. Parece que este virus está presente en la mayoría de las colonias, y, como en el caso del nosema, solamente incide en el estado de salud general de las colonias. Parece ser verosímil que dependa, no de uno, sino de una serie de virus, lo cual explicaría la variedad de los síntomas que aparecen en la parálisis y en sus diferentes formas.

La primera vez que tuvimos contacto con la parálisis fue después de haber introducido unas reinas del norte Italia y poco después del alta Cárnica. En el primer caso, la enfermedad era evidente en todas las colonias con reinas italianas, pero de manera atenuada, y solamente durante la primavera. Sin embargo, en una de las colonias con reina cárnica, la enfermedad presentaba una forma virulenta y presente durante todo el verano. En la progenie de las colmenas cárnicas la parálisis se presentaba en la forma más fuerte, y apareció de repente hacia el final de agosto, cuando las abejas estaban en el brezo. Abejas muertas o moribundas llenaban los fondos de las colmenas y los cuadros, con todos los síntomas característicos de la parálisis aguda. No había la posibilidad de envenenamiento, dado que estaban en los brezales.

En los últimos treinta años, similares bajas las sufrimos con las importaciones del Medio Oriente y del Norte de África. La única diferencia ha sido que el alto grado de vulnerabilidad se limitaba a la primavera y que cuando estas colonias eran ayudadas con abejas resistentes a la enfermedad, se recuperaban perfectamente y en seguida nos devolvían una buena prestación.

Durante el transcurso del verano, estas abejas sujetas a la parálisis estaban libres de ataque, pero poco después sufrían de la misma manera que doce meses antes. Mientras que en la colonia seguía la misma reina, la secuencia se repetía automáticamente. Estos, naturalmente, son casos extremos, pero a través de los años hemos tenido que afrontar una cantidad de casos de resistencia y vulnerabilidad que oscilaban desde un extremo a otro. Lo más considerable era que la variedad con una alta resistencia se recuperaba sin ningún tratamiento especial, y no mostraba signos de parálisis desde el final de mayo hasta la siguiente primavera. Durante mucho tiempo he estado convencido de que, en el caso de la parálisis, nos encontramos frente a una vulnerabilidad hereditaria – imagino que se podría hablar de "resistencia hereditaria negativa". De la misma manera, sabía que una colonia no se habría librado nunca de la enfermedad mientras que en la misma hubiera seguido la misma reina, y también que en cuanto a una colonia le fuese colocada una reina proveniente de una variedad altamente resistente, cualquier señal de parálisis desaparecía. También las colonias más infectadas se curaban al momento de introducir una reina de una variedad resistente y su progenie sustituía la parte vulnerable de la colonia. En estos casos, nunca hubo una recaída. Considerando esto, se puede hablar de inmunidad en el sentido más amplio de la palabra.

A la luz de cuanto hemos descubierto, está claro que la parálisis puede ser erradicada por medio de la selección. Aun así, es necesario siempre tener presente las consecuencias del apareamiento múltiple, especialmente cuando el apareamiento ocurre sin que haya ningún control de los zánganos. La descendencia de una reina dotada de inmunidad aparente, no siempre se demuestra inmune al 100%. Comparando con individuos de inmunidad perfecta, los otros enseñan todos los posibles grados de resistencia.

Prescindiendo de los evidentes ejemplos de parálisis, no tenemos mucho sobre lo cual basarnos para seleccionar la resistencia a esta enfermedad. Tampoco conocemos nada de los factores hereditarios, como en el caso del nosema, que tengan un influjo sobre la parálisis. Por otro lado, nuestros experimentos han demostrado que es posible criar reinas altamente resistentes también a partir de una raza vulnerable a esta enfermedad. Experimentos como estos son obviamente posibles solamente cuando se dispone de líneas o cruces particularmente buenos, y aún más con muchos individuos.

Tengo que decir que no estoy del todo convencido de la exactitud de cuanto se ha prescrito por parte de los científicos, los cuales afirmaron que la efectiva causa de la parálisis es un virus específico. Muchas veces hemos encontrado que, como resultado del suministro de Fumidil, se obtiene una completa curación de la parálisis en poco tiempo. Los datos médicos dicen que los antibióticos no afectan a los virus.

Septicemia bacteriana

El Docto. H. Wille, de Liebefeld – Berna, confirmó que la septicemia bacteriana representa otro grupo de enfermedades de las abejas adultas. Solo entraré en este tema para decir que esto proporciona la explicación a los fenómenos desconcertantes. Hoy en día ocurre raramente que haya una colonia en la cual no presente los agentes que causan nosema y parálisis.

Además, la mezcla de diferentes infecciones es más la norma que la excepción, como en el caso de los mamíferos, donde en el tramo digestivo del colon encontramos bacilos que no son particularmente patógenos.

El Docto. Wille sostiene que la manera más eficaz para luchar contra la septicemia bacteriana consiste en una correcta gestión y selección de las abejas.

Enfermedad de la cría

Hasta ahora nos hemos ocupado de las enfermedades que pueden agredir la abeja adulta y, hemos indicado las posibilidades que, recurriendo a la selección, disponemos para afrontarlas. Pasamos ahora a las enfermedades de la cría. Al término de la última sesión he recordado el caso de la septicemia bacteriana, que nos ha llevado a las enfermedades de la cría.

Mi experiencia directa con las enfermedades de la cría está limitada por lo demás a mis primeros años como apicultor. Antes de 1.916, en nuestros apiarios, me encontré todo tipo de enfermedades de la cría, y esto ocurrió hasta que estuvo la antigua abeja inglesa. Después de que el acariosis barriera esta variedad de las razas europeas occidentales, y gracias a la abeja italiana, se introdujo sangre nueva: todas las enfermedades de la cría desaparecieron casi de improviso. Desde entonces, las enfermedades de la cría en el Devon meridional han sido casi desconocidas, con la excepción de las colonias en las cuales los panales han sido introducidos de otros lugares. Incluso en tales casos, en cuanto las enfermedades eran diagnosticadas, intervenían las autoridades efectuando el tratamiento previsto.

El hecho de que la abeja indígena desapareciera provocó contemporáneamente la desaparición de las diferentes enfermedades de la cría, y de manera bastante significativa. Esto ocurrió, no solamente en nuestros apiarios, sino también en todo el Devon meridional, donde antes las enfermedades de la cría eran endémicas. Hoy, hay lugares en los que la situación es similar respecto a la que hace tiempo estaba presente aquí, es decir, en todos los lugares en donde se utilice la abeja de Europa occidental, y también en el hábitat originario del grupo de la *intermissa*. En mis primeros viajes me fue continuamente posible encontrar confirmaciones sobre esta observación. Sin embargo, no quiero transmitir la impresión de que las otras razas sean en general resistentes, tampoco inmunes, a las enfermedades de la cría. Sin duda hay una gran cantidad de diferencias. A veces ocurre la casualidad, por ejemplo, que en la tierra nativa de la cárnica las enfermedades de la cría sean prácticamente desconocidas. Todas las otras enfermedades de las abejas están presentes, pero aquellas de la cría parecen ser extremadamente raras. Una inmunidad completa parece ser posible solamente en casos excepcionales, y en todos los otros casos lo que tenemos es solamente una resistencia parcial.

Loque americana

Está claro, respecto a todo lo que he comentado, que en las enfermedades de la cría existe la misma amplitud de gamas sobre la vulnerabilidad y resistencia que encontramos en las enfermedades de la abeja adulta. Desde el punto de vista de la selección, surge espontáneamente una pregunta: ¿de qué manera podemos, de la forma más rápida y segura, en los distintos casos, intensificar un factor hereditario de resistencia? O, de lo contario, ¿eliminar factores que causen vulnerabilidad o influyan en las disposiciones que favorecen la enfermedad? Como veremos, un alto grado de resistencia hacia una enfermedad puede significar un alto grado de vulnerabilidad hacia otra, especialmente cuando durante el proceso de selección no se han tomado las precauciones necesarias.

La loque americana, como indica su nombre, es una enfermedad difundida prevalentemente en el Norte de América, y no hay duda de que esta enfermedad es la más grande amenaza en la apicultura practicada en este lugar. En América son desconocidas, tanto la precisa inspección de las colonias, como la regular sustitución de los panales. Para tener bajo observación la enfermedad, hace más de cuarenta años se han ido efectuando experimentos para criar una variedad de abejas con un alto nivel de resistencia hacia la loque americana. En general, estos experimentos fueron culminados con éxito, pero resultó que estas variedades altamente resistentes eran, en cualquier caso, muy vulnerables a la loque americana. Parece ser que los esfuerzos realizados han fracasado porque no se había prestado suficiente atención a los efectos de la endogamia.

Estos experimentos estaban basados en la suposición de que el factor resistencia era debido a una propensión hacia la higiene verdaderamente desarrollada. Esto es, sin duda, algo cierto en general, pero no es verosímil que en este caso particular este sea el factor en juego. El trabajo de investigación conducido por W.C. Rothenbukler, de la Universidad de Columbus, en Ohio, reforzó la hipótesis según la cual las abejas nodrizas de una colonia resistente son capaces de curar, por lo menos, parte de las larvas ya infectadas. No está todavía claro de qué manera lo hacen. Se supone que las colonias resistentes, respecto a las no resistentes, producen para la cría una alimentación con un mayor efecto bactericida. Existe todavía otra posibilidad, un efecto del apareamiento múltiple: o sea, que en la misma colonia el factor resistencia se encuentre en cada larva. Esta idea no puede ser descartada, dado que se trata de una hipótesis verosímil.

Los resultados de los experimentos comentados anteriormente indican que la limpieza está relacionada con el mal temperamento. Nuestros datos demuestran que una similar generalización no corresponde a los hechos. La cualidad de alta resistencia de la cárnica es un ejemplo.

Es evidente que no podemos seleccionar variedades resistentes en áreas donde la enfermedad no está presente, y tampoco donde no haya la posibilidad de hacer una comparación positiva con otras colonias. En relación a esto hay una excepción, y el sentido de la limpieza, que es uno de los factores más importantes en la lucha contra la loque americana. Pero esta es una característica que juega un rol importante en general en la prevención de las enfermedades.

Loque europea

En la lucha contra la loque europea el factor determinante – aunque sea uno solo – es el vigor, por lo que sabemos. Los experimentos americanos que hemos mencionado antes con sus resultados revelan esto de manera muy evidente. Esto ha sido confirmado también por ulteriores experimentos conducidos en Suiza. Aquí la loque americana, conocida con el nombre de loque ácida, está, quizás, más difundida que en cualquier otro país.

En Suiza hay también una vulnerabilidad relacionada con las variedades de abejas que ha sido intensificada por causa de un programa de selección mal conducido. Mi experiencia demuestra que el grupo de las razas europeas occidentales aparentemente es muy vulnerable a todos los tipos de enfermedades de la cría. De hecho, esta vulnerabilidad no está limitada a dos tipos de loque, sino en cualquier tipo de enfermedad de la cría. Esto lo aclaré durante mis viajes, cuando tuve la posibilidad de ver a las abejas en su hábitat original y de recibir información directa de los apicultores de la zona.

Cría sacciforme

Acabamos de hablar de la extrema vulnerabilidad de las razas de Europa occidental hacia todas las formas diferentes de enfermedades de la cría. La cría sacciforme es, en realidad, una enfermedad que teóricamente se da en este grupo de razas, y yo mismo nunca observé este caso en colonias que fueran de cualquier otra variedad. Antes de 1.916 esta enfermedad se podía encontrar también en nuestros apiarios, pero su presencia siempre estaba limitada a las colonias de abejas negras originarias o, en los siguientes años, a las reinas de Europa occidental que habíamos importado. Después de que una reina de otra raza fuera introducida en estas líneas, todos los signos de infección desaparecieron, sin la aplicación de ningún remedio. Así que, en este caso, nos encontramos frente a una vulnerabilidad específicamente relacionada con la raza, restringida a una particular variedad de abejas, y a una resistencia igualmente condicionada por la raza – si no se trata de inmunidad – en todas las otras. Esto es obvio si consideramos que en ningún caso se manifiesta la cría sacciforme después de la introducción de una reina de otra raza.

Pollo escayolado

En la cría calcificada tenemos, a todos los efectos, un caso similar a los demás. Hoy esta enfermedad está difundida en las regiones donde está presente la abeja de Europa occidental. Tiene particular relevancia donde la endogamia ha intensificado la vulnerabilidad. Noruega es un clásico ejemplo de este hecho. Pero no sería correcto sacar como conclusión que la cría calcificada está limitada solamente a las razas de Europa occidental. Por lo que parece, esta enfermedad se presenta principalmente donde la vitalidad de las abejas disminuye a causa de la endogamia.

Anomalías de la cría

Ahora es el momento de hablar de un número de anomalías de la cría que no pueden ser descritas como enfermedades por el hecho de que sus causas principalmente no se deben a las bacterias, virus u hongos, sino a condiciones hereditarias. Tomamos contacto con estas enfermedades en la selección y también en la lucha contra dichas enfermedades. Su manifestación y los síntomas pueden, de vez en cuando y erróneamente, conducirnos hacia enfermedades muy específicas. De hecho, estamos hablando de taras o "factores letales" en los genes, que impiden, en parte o en todo, el normal desarrollo de los individuos y que llevan a su muerte prematura. Taras de este tipo son normalmente reconducidas hacia mutaciones, y ocurre en todas las formas de seres vivos, no solamente entre las abejas.

Un típico ejemplo son los huevos estériles. Las reinas que tienen este defecto deponen normalmente, pero ninguno de los huevos se desarrolla. Esta forma de esterilidad es una tara hereditaria que se manifiesta solamente en el grupo de las razas *intermissa*, o en variedades desarrolladas a partir de esta.

Nuestra experiencia demuestra también que hay algunas anomalías que se presentan solamente en determinadas condiciones y solamente por un periodo, hasta el punto de que solo se detectan a menudo por casualidad. Nos encontramos aquí en el comienzo de una cuestión bastante compleja, un problema que puede manifestarse de muy diferentes maneras.

Se puede dar por cierto que las taras de este tipo producen una vulnerabilidad a las enfermedades de la cría, no solo directamente, sino también por el hecho de que influyen en general en la constitución de la abeja adulta. Es muy probable que éstas causen un debilitamiento en la vitalidad, y consecuentemente una reducción de la vida. Cuando nos estamos ocupando de la selección, es necesario prestar la máxima atención a cada señal de anomalía, cualquiera que sea la causa. Por otro lado, tales desviaciones, de vez en cuando, pueden ser temporalmente toleradas, como nos enseña la parábola del trigo y de la cizaña (Mt., 13:24).

Conclusiones

A la pregunta de si es posible luchar contra una enfermedad de las abejas a través de la selección genética, soy capaz de poder dar una contestación incondicionalmente afirmativa. Puedo hacerlo porque se trata de una contestación que se basa en resultados que han sido confirmados por una experiencia de más de medio siglo. Podemos estar seguros de que la abeja, como los demás seres vivos, ha sido provista por la Naturaleza de las herramientas para protegerse contra las enfermedades. En realidad, la abeja silvestre es capaz de sobrevivir más fácilmente que en las condiciones impuestas por el apicultor y por las técnicas modernas. En el mundo salvaje, el medio proveía que hubiese un rígido rechazo de cualquier individuo vulnerable, y los orígenes de las infecciones eran eliminados. Los esfuerzos de la apicultura moderna tienden a llevarnos en la dirección opuesta.

Para una correcta comprensión de las posibilidades que la selección nos ofrece como herramienta para luchar contra las enfermedades, tengo que repetir y subrayar la clara distinción que existe entre inmunidad y resistencia. Inmunidad significa completa ausencia de vulnerabilidad hacia una enfermedad; resistencia significa la fuerza de contrarrestar, hasta una cierta medida, el ataque de una enfermedad. Parece que se puede hablar de inmunidad solamente por lo que concierne a la parálisis y a la cría sacciforme. Pero, de hecho, un alto grado de resistencia satisface todas las necesidades prácticas de un apicultor. Las condiciones meteorológicas y del flujo nectarífero tienen una influencia general en la salud de las abejas, exactamente como en la predisposición a las enfermedades, pero no tiene un efecto preciso cuando la abeja disfruta de una resistencia extrema, o cuando sufre de una extrema vulnerabilidad.

El desarrollo de los individuos o variedades con una alta resistencia es uno de los objetivos esenciales en la selección de las plantas y de los animales domésticos. También en el caso de *Apis mellifera* tenemos que tener un objetivo similar, dado que, sin duda, para alcanzar este fin tenemos a disposición innumerables posibilidades. Si miramos esta cuestión a largo plazo podemos ver que, en la selección genética, la solución a los problemas de las enfermedades puede ser la alta gama de selección. Hoy en día disponemos de un gran número de medicamentos y de medidas para la profilaxis contra las enfermedades, pero estas requieren un gran esfuerzo en términos de tiempo y dinero que la inmunidad u otra resistencia nos pueden permitir ahorrar.

Este problema de la lucha contra las enfermedades a través de la selección genética es en mi opinión, en este libro, una parte tan importante que me parece oportuno repetir y subrayar los puntos esenciales en discusión.

Evaluaciones de las prestaciones

Hasta ahora hemos hablado de las características esenciales requeridas por la selección de la abeja. En relación a este tema, podemos, pues, considerar los problemas asociados a una evaluación de las prestaciones, que, de hecho, constituye la base del éxito en cualquier esfera de la selección. Los seleccionadores de plantas y animales tienen una tarea muy sencilla, dado que tienen un control casi completo sobre el medio y la alimentación, por lo menos sobre los animales domésticos. En la selección de las abejas tenemos que hacer frente a tantos factores desconocidos que una evaluación exacta se vuelve todavía más difícil. Para una evaluación exacta, la estimación absolutamente impersonal de los datos a disposición requiere de una objetividad que, en el mundo de las abejas, a menudo, buscamos en vano, aunque sin ella cualquier progreso parece imposible.

Una evaluación exacta de las prestaciones de las abejas, como he dicho, es un asunto verdaderamente complejo. Esto está relacionado con muchísimos otros factores, como la raza, el cruce, la variedad y la línea, así como el medio y las condiciones del flujo de néctar. Este último varía de año en año, de zona a zona, a menudo en un radio mínimo. Cuando un apicultor habla de prestaciones y de cosecha de miel tiene que hacer siempre referencia a un año y un flujo nectarífero en particular.

Los mayores errores en la selección de la abeja se encuentran en otras direcciones La comparación dentro una particular línea o variedad revelará solamente la prestación relativa a las colonias de una línea, pero no puede por sí mismo establecer el valor efectivo de las prestaciones en relación a otras líneas. Únicamente comparando un número de líneas, variedades y razas que se encuentran en condiciones idénticas, somos capaces de garantizar criterios eficaces, que nos permitan juzgar las prestaciones sobre una base objetiva. Las evaluaciones efectuadas sobre dicha base mostrarán, además, las efectivas potencialidades de las prestaciones que puede ofrecer la abeja, y llevarán hacia un verdadero progreso en la selección.

Así, es obvio que cualquier test en la prestación, sin una comparación eficaz garantizada por parte de una amplia y progresiva escala comprobada bajo una serie de puntos verificados, claramente va a resultar erróneo. Por otro lado, cuanto más numerosos sean los test comparativos, contrastados unos con otros, y cuanto más frecuentemente estas comparaciones sean repetidas, más fiable será el progreso en la selección.

Nuestros test comparativos sobre la prestación efectuada anualmente comprenden alrededor de 700 colmenas y núcleos en una serie de apiarios externos, sujetos a condiciones de flujo de néctar diferentes. En cada apiario están presentes reinas de dos tipos, aquellas de línea pura y aquellas de diferentes cruces. Los núcleos están testeados en la estación de apareamiento, ubicada en el corazón de los brezales de Dartmoor, donde las reinas recién fecundadas se quedan desde el final de junio hasta marzo del año siguiente. Los test comparativos son realizados en dos fases. La primera, las jóvenes reinas en los núcleos cubren el periodo hasta que son transferidas a las colonias productoras de miel en primavera. Los rasgos más distintivos, como también la diferencia en la prestación, se pueden manifestar en otoño; y después llega la segunda fase, su capacidad de salir del invierno y su frugalidad en la siguiente primavera, antes de conducir al test final en las colonias que producen miel. Considerando este test final y decisivo, nuevamente tengo que dirigir la atención sobre el factor más importante de todos, o sea, el rol que juega la efectiva capacidad de la cámara de cría. Una cámara de cría que limita las potencialidades máximas de deposición de una reina producirá inevitablemente uniformidad y una igualación artificial en la fuerza de la colonia, con una correspondiente reducción de la capacidad de producir miel en la misma colonia. Está claro que las diferencias en la misma cría continúan igualmente manifestándose por sí mismas, debido a variaciones en la tendencia a la enjambrazón, en la longevidad, en la laboriosidad, etc. pero provocadas por el factor más importante de todos – la disminución de la fuerza de la colonia; pero una prestación máxima determinada genéticamente, en realidad, hay que excluirla, así como cualquier criterio a través del cual podría ser alcanzada una verdadera evaluación de las prestaciones de una colonia. De hecho, en tal caso, estamos privados de las bases fundamentales de la selección, así como de las herramientas para progresar en la selección de la abeja de miel. Nosotros consideramos los test preliminares realizados en los núcleos, en el corazón de Dartmoor, como una ayuda inestimable para nuestras evaluaciones. Los núcleos están ubicados en cuatro medios cuadros Dadant, y hay cuatro núcleos en cada colmena, con las entradas colocadas hacia cuatro direcciones. La estación de apareamiento está a una altura de 1.200 pies, mientras que las condiciones climatológicas son extraordinariamente duras todo el año, con temperaturas que llegan en invierno a los 18° bajo cero. Desde la mitad de octubre hasta el final de marzo la temperatura, teóricamente, no sube nunca por encima de 10°. Estos test iniciales son de lo más severo.

Además de la limitación del potencial de deponer de la reina, hay otro factor que puede resultar poco fiable y desviar los test sobre la producción, y esto es la deriva. Donde las colonias están ubicadas singularmente y se vigilan, la deriva puede ser, en gran parte, evitada. Por otro lado, donde las colonias están ubicadas en fila, con las colmenas todas colocadas hacia la misma dirección, la deriva no puede ser evitada, y, por tanto, una evaluación fiable de la prestación es objetivamente imposible. Una cuidadosa evaluación de la prestación debe estar lo menos afectada, por cuanto sea posible, de errores, prejuicios e ilusiones. El éxito de la selección de las reinas puede ser alcanzado únicamente con un enfoque del todo objetivo. Una observación final: los resultados de los test comparativos conducidos en 10 colonias son obviamente menos fiables de cuando las colonias involucradas son 100, o incluso hasta 500. Cuanto mayor es el número de colonias, más fiable serán los resultados y más amplia la posibilidad de progresar en la selección.

Método de selección

A nuestra disposición tenemos toda una serie de procedimientos de selección: nos ocupamos ahora de sus objetivos y de sus respectivas ventajas y desventajas. Sin embargo, tengo que volver sobre un punto para abordar en precedencia, o sea, en la necesidad de recurrir a conceptos definidos, expresados a través de una terminología precisa. Esto es esencial para evitar malentendidos y errores, dado que un mal uso de los términos técnicos nos puede crear confusión.

Para seleccionar a las abejas tenemos a disposición los siguientes procedimientos:

1. Selección en pureza;
2. Selección por línea;
3. Selección por cruce;
4. Selección por combinación;

Como pronto, aclararemos que estas cuatro vías son interdependientes entre ellas. La selección en pureza es la base de todo trabajo de selección; la selección por línea sirve para mantener la vitalidad de las razas y de las variedades puras; la selección por cruce de las diferentes razas, lleva a una combinación de las características con el máximo efecto de heterosis. Estas, a su vez, forman el punto de inicio para las combinaciones de nuevos factores hereditarios que, de otra manera, no se encontrarían en la naturaleza.

El método de la selección natural

El primer punto que tenemos que tratar es el método de la selección aplicado por la Naturaleza. Esto es esencial, porque nos enseña las directrices precisas que tenemos que seguir siempre en todos nuestros procedimientos. Ignorar estas últimas lleva, antes o después, inevitablemente al fracaso. Hasta la introducción de la apicultura moderna, la Naturaleza ha sido el único árbitro en la selección de la *Apis mellifera*.

Nunca ocurre que el medio seleccione para obtener la máxima prestación por colonia, sino solamente para la conservación de la especie y su adaptación a las circunstancias existentes. Para conservar la máxima vitalidad de la abeja la Naturaleza introdujo un gran número de adaptaciones. Para evitar la endogamia – el talón de Aquiles de la *Apis mellifera*– ésta estableció que el apareamiento tuviera lugar en un vuelo libre, a una distancia de hasta 4 millas de la colmena, y, además de esto, que se diera por apareamiento múltiple, con un determinado número de zánganos diferentes. Las abejas tenían que limitarse a un modelo de selección pura dentro de una sola raza geográfica, restricción ésta que no podía ser esquivada. Sin embargo, el medio hizo todos los esfuerzos para asegurar la conservación de muchas características diferentes. Todo individuo que no alcanzara los requisitos estándar era brutalmente eliminado. La uniformidad, tanto en las características exteriores como en los rasgos fisiológicos, nunca ha tenido ninguna importancia como fin en la naturaleza.

En realidad, en nuestra actividad de selección, de vez en cuando, hay que tomar algunas medidas que no están del todo en sintonía con las utilizadas por la naturaleza. Pero, por otro lado, tenemos a nuestra disposición algunas posibilidades que a ésta le fueron negadas. A largo plazo, no podemos pretender ignorar las directrices que el medio ha establecido.

Selección en pureza

Creando estrictas relaciones dentro de una particular raza o variedad podemos aprovechar la posibilidad de selección que nos permite concentrar, intensificar y establecer las características válidas que necesitamos. Al mismo tiempo, somos capaces de extirpar, paso a paso, los rasgos indeseados. Sin esta posibilidad no se podría, en apicultura, alcanzar ningún progreso. Los resultados estarían determinados por pura casualidad. Así que la selección en pureza es todavía la salvación para asegurar aquello que hemos obtenido haciendo posible la persistencia y la estabilidad que necesitamos en nuestro trabajo. Al mismo tiempo, ésta proporciona un sólido fundamento para la selección de los cruces y combinaciones exitosas. De hecho, la selección en pureza es el paso esencial para cualquier progreso en la selección. Hasta ahora, en los experimentos de selección, se le ha dado demasiada importancia a la uniformidad de las características exteriores, que en algunos casos ha tenido la máxima prioridad. En mi trabajo se da el caso contrario. Si bien las características exteriores no deben ser ignoradas, éstas juegan un rol meramente secundario.

Con la *Apis mellifera* la selección en pureza tiene límites precisos. Para intensificar un determinado factor genético no se puede prescindir de la endogamia. Pero la abeja es muy susceptible a los efectos de la endogamia, y ya hemos visto las razones. Las consecuencias de esto se demuestran de muchas maneras, la más grave es la pérdida de vitalidad. Este defecto aparece en cualquier fase de la vida de la abeja, pero mucho más claramente en las consecuencias que tiene en su prestación. Ya en 1928 era consciente de esta vulnerabilidad en relación a los efectos de la endogamia, pero ha sido en los años más recientes cuando los signos negativos han sido amplia y correctamente interpretados. Los resultados obtenidos recurriendo a la fecundación artificial resolvieron la cuestión, más allá de cualquier duda.

La falta de vitalidad aparece más claramente en las infecciones agudas de nosema, en la lentitud o en el fracaso del desarrollo primaveral o en una importante baja de las colmenas. El último factor es, a menudo, atribuido a condiciones meteorológicas desfavorables, mientras que en realidad las bajas son debidas a la disminución de la vitalidad. Como ahora sabemos, la pérdida de vitalidad hace imposible la supervivencia durante el invierno y la eficiencia de la colonia. La endogamia es, sin duda, el talón de Aquiles de las abejas. La pérdida de vitalidad que deriva de una estrecha endogamia determina los límites de la selección en pureza, y a largo plazo no se pueden ignorar las directrices impuestas por la naturaleza sin pagar las consecuencias. Al mismo tiempo, si deseamos que determinados experimentos de selección tengan éxito, tenemos que poner en evidencia las desventajas que derivan de la endogamia

Selección por línea

Para que haya una variedad pura y conseguir mantenerla en el tiempo, la única posibilidad es un programa de selección por línea atentamente planificado. De esta manera, hemos mantenido durante muchos años nuestra variedad sin pérdida de vigor, energía o vitalidad. Las líneas en cuestión han tenido origen en una serie de reinas reproductoras seleccionadas, que, sometidas a test sobre la prestación estrictamente controlados, habían satisfecho nuestras necesidades. Cada línea fue recíprocamente cruzada, pero no sin un preciso esquema preestablecido. Los apareamientos son, en todos los casos, organizados para completar las características que produzcan la mayor ventaja posible. Una serie de líneas permite un esquema similar de mantenimiento planificado de una variedad pura.

Hoy en día, el término "apareamiento por línea" es ampliamente usado en lugar de "cruces por línea", "híbridos por línea", "combinaciones por línea". Esto hizo que se crearan malentendidos y confusiones. Solamente el uso del término "apareamiento por línea" (*line-mating*) permite eliminar toda incertidumbre.

Selección por cruce

Obviamente se refiere al apareamiento entre razas diferentes. Como ya he dicho, todas las ventajas prácticas de la selección en pureza con la selección por cruce son solamente aparentes. Esto ocurre en cualquier esfera de la selección, tanto para los animales como para las plantas. Si miramos alrededor, notaremos en seguida que los individuos que más producen son, casi sin excepción, resultado de un cruce. En cualquier esfera de la agricultura sin cruces sería imposible cualquier incremento de la productividad. El cruce es la clave que abre la puerta tras la cual están las mejores prestaciones y el éxito práctico. La apicultura, en este caso, no es excepción. Y, en realidad, ésta no puede seguir negándose a sí misma las ventajas económicas y las potencialidades que este método hace posible, y, de hecho, puede hacerlo con menos riesgos que en cualquier otro tipo de producción. Este hecho es bien reconocido por cualquier apicultor profesional.

La selección en pureza en la apicultura tiene siempre un rol decisivo. Sin embargo, ésta fracasa, y no puede hacer otra cosa que fracasar cuando el objetivo es alcanzar el máximo de la prestación. Por otro lado, un cruce bien elegido puede producir un incremento en la producción verdaderamente asombroso en un arco de tiempo bastante corto. Por lo que respecta a la abeja, a causa de su extrema susceptibilidad a la endogamia, está empujada por naturaleza a los apareamientos mixtos y cruzados, para preservar la vitalidad.

A pesar de esto, la selección por cruce en los países de lengua alemana es un elemento tabú, aunque suscita opiniones en todas las otras partes del mundo. En las revistas alemanas, nos tropezamos continuamente con afirmaciones de este tipo: "el éxito de la selección por cruce es posible, siempre y cuando sea limitado solo al primer cruce. Ulteriores cruces tienen que ser evitados a toda costa". Esta advertencia está, de alguna manera, justificada cuando se habla de cruces casuales y no controlados, pero suena más bien errada si se aplica a un programa planificado de cruce selectivo.

Desde tiempo inmemorial, la apicultura confía en los cruces selectivos. Hay pocos apicultores hoy en día que son capaces de confiar en la selección en pureza, mientras que una gran mayoría, con creces, tiene que recurrir a los apareamientos mixtos o a cruces, y, en cierta medida, a cruces entre razas. Estos apareamientos por cruces entre individuos de la misma raza o de razas diferentes son, más bien, si no exclusivamente, cruces casuales. Para un estudio eficaz de las razas, sin embargo, es imprescindible un conocimiento preciso de sus orígenes, a excepción de cuando se trata de hacer unos simples cruces de utilidad. Seleccionar a partir de reproductoras seguras y hacer apareamientos en fecundación aislada pude proporcionar al apicultor, sin tener que hacerse cargo de importantes costes, todas las ventajas prácticas y económicas que una variedad pura puede desarrollar con grandes gastos y esfuerzo de un profesional.

Cuando nos ocupamos de cruces, y, de manera especial, en cruces entre diferentes razas, sin un conocimiento basilar sobre las excepciones que la abeja puede contemplar y de la influencia ejercida por la heterosis, no obtenemos nada bueno. Aquí no podemos hacer referencia o comparaciones con el mundo animal o vegetal, tampoco cuando se observan los resultados prácticos. No obstante, es un hecho que un programa de cruce entre razas correctamente conducido puede producir para el apicultor resultados mucho mejores respecto a otros ámbitos donde se practiquen también cruces entre individuos.

Naturalmente, el éxito no se consigue con cruces puramente arbitrarios. Las razas y las variedades se tienen que encontrar y completar mutuamente. Esto sirve para todas las formas vivientes, y la abeja no es un caso aparte. Esta última tiene excepciones en otros sentidos: por ejemplo, no es para nada indiferente, como ocurre en cambio para otros seres vivos, a la raza que proporciona el padre y la madre. Los resultados pueden ser ampliamente diferentes. Los cruces recíprocos raramente son idénticos. En las abejas, la influencia femenina es el factor dominante. Un cruce entre razas compatibles lleva a dos resultados: primero, la unión entre dos, la complementaria concentración de las características y la posibilidad de desarrollar combinaciones genéticas de excepcional valor económico, que, de otra manera, no se podrían conseguir. Segundo, de esta manera se obtienen los mejores éxitos de la heterosis, una consecuencia que se expresa en una mayor vitalidad y un incremento del nivel de las prestaciones. La heterosis aparece también en la selección por línea, pero nunca de la manera tan acentuada que se observa en los cruces entre razas.

Ahora tenemos que considerar los dos factores decisivos que inciden en nuestro trabajo. Estas son las consecuencias de la heterosis y el rol dominante de la madre, que en la selección de las abejas tiene que ser siempre tomado en consideración. Trataré antes de nada la heterosis, porque una evaluación realista de sus efectos arrojará luz a los problemas y las dificultades del cruce selectivo. El rol dominante adoptado por parte de la madre, como veremos, determina la elección de las razas y de los respectivos padres.

La heterosis enfatiza, no solamente las cualidades deseadas, sino también aquellas indeseadas, y particularmente la tendencia a la enjambrazón. Este basilar impulso natural, a menudo domina sobre todos los otros factores que tienen que ver con la prestación. El resultado es que los primeros cruces, debido a su intensa vitalidad, a menudo gastan sus energías en una desordenada fiebre de enjambrazón. Esta extrema tendencia a la enjambrazón disminuye en la segunda generación y en las siguientes, permitiendo a los factores que son más importantes para las prestaciones, su desarrollo completo. Naturalmente, es necesario dar por hecho que la selección de las reproductoras continúa en las generaciones sucesivas, previniendo así una caída en el nivel de la prestación, por lo menos en el sentido que comúnmente se da a esta frase. Es cierto que hay variaciones en la prestación, un hecho que hay que afrontar en la selección pura, pero los resultados generales de la F2 y F3 muestran que el nivel de la prestación es mucho más alto que en las líneas puras desde el cual el cruce se obtuvo. Si no fuese así, el cruce en el mundo de las abejas sería una pérdida de tiempo.

Está claro que los seleccionadores han subestimado, o no han prestado suficiente atención, al factor decisivo sobre el indeseado efecto de la heterosis, por lo que afecta a la enjambrazón, un efecto que, en general, en la selección animal, no aparece. Si se hubiera prestado atención a este fenómeno muchas falsas opiniones en el cruce selectivo de las razas habrían sido evitadas. Esta, sin duda, es la explicación de las desilusiones que muy a menudo se encuentran en el cruce de las razas, dado que pocos primeros cruces dan resultados prácticos apreciables.

Antes de proporcionar algunos ejemplos clásicos de la dominancia e influencia de la heterosis, tengo que llamar nuevamente la atención sobre otra particularidad de las abejas, es decir, que los cruces recíprocos producen los mismos resultados solamente en caso excepcionales. Conozco únicamente dos excepciones de este tipo: la Buckfast y la abeja griega. En ambas, los apareamientos, tanto del macho como de las hembras, producen una progenie que tiene un buen temperamento, no es proclive a la enjambrazón y es capaz de ofrecer una buena prestación.

Por lo que respecta al temperamento, cabe mencionar que todos los cruces entre las razas tienen un mal temperamento. En la mayoría de los casos, la culpa de esto es de los zánganos con orígenes de Europa occidental. Los zánganos de esta ascendencia producen siempre una progenie agresiva, incluso cuando son cruzados con las variedades y las razas más dóciles. En los cruces entre razas, el aumento de la propensión a picar no es un componente necesario. Como nos demuestra la experiencia, utilizando el carácter dominante de la madre y el retro cruce, el peligro de los picotazos puede ser derrotado. Por ejemplo: un cruce entre anatoliaca y Buckfast produce una abeja dócil, no tendente a la enjambrazón y dotada de un alto potencial en términos de prestación; el cruce entre Buckfast y anatoliaca proporciona una abeja igualmente reluctante a la enjambrazón, muy productiva, pero con un pésimo carácter.

Como ya he indicado, la mayoría de los primeros cruces no tiene valor práctico para su extrema tendencia a la enjambrazón. Hay todavía excepciones, como pueden ser las reinas ordinarias "de empuje", utilizadas por los apicultores que quieran las ventajas de la heterosis sin gran coste y de la manera más sencilla posible.

Nuestra experiencia ha demostrado que los mejores resultados, sin una particular tendencia a la enjambrazón, los proporcionan los siguientes cruces:

▸ Anatoliaca x Buckfast;

▸ Buckfast x cárnica;

▸ Griega x Buckfast;

▸ Cárnica y sahariana x Buckfast;

Algunos primeros cruces que demuestran no ser de ningún valor práctico en la F1, son minuciosamente seleccionados en la F2 y son sometidos a un retro cruce (en este caso con zánganos Buckfast) producen resultados casi excepcionales. Según nuestra experiencia, son estos:

▸ Reinas francesas x Buckfast;

▸ Reinas suecas y finlandesas x Buckfast;

Reinas apareadas con zánganos italianos o griegos darían, probablemente, los mismos resultados.

Puesto que los primeros cruces, en las categorías que hemos indicado ahora mismo, demuestran no ser útiles a nuestros fines, en estos casos se cría solamente un pequeño lote, y únicamente las más aptas y las que superan un test riguroso están seleccionadas para ser utilizadas en la F2. Utilizando estas medidas de precaución, somos capaces de obtener todas las ventajas prácticas de estos cruces especiales, sin bajas innecesarias y sin gran gasto. Bajas durante los test de estos cruces especiales pueden resultar muy laboriosos desde el punto de vista económico, como demuestra el siguiente ejemplo. En el verano de 1.949 teníamos treinta colonias guiadas por reinas F1 Nigra – Buckfast. Para llegar a evaluar sin prejuicios hacia ellas, las distribuimos por todos nuestros apiarios. 1.949 fue un año muy bueno en producción de miel, con una media de 145 libras por colmena. El primer cruce con la Nigra, en las mismas condiciones, produjo 22 libras por colonia. Esta diferencia, casi increíble, se debía principalmente a la extrema tendencia a la enjambrazón de este particular cruce. El segundo cruce, aunque fue hecho con apareamientos no controlados, el siguiente año trajo una extraordinaria producción. Este ejemplo demuestra claramente cómo el primer cruce puede resultar decepcionante, pero al mismo tiempo, cómo las mejores ventajas de este cruce, desde el punto de vista económico, pueden obtenerse en la F2, demostrando además cómo poder acotar las desventajas de la F1.

Hemos mencionado los efectos de la heterosis sobre la tendencia a la enjambrazón y sobre el temperamento de las abejas. Ambas características indeseadas son rasgos específicos de la especie de las abejas, obviamente desconocidos para el resto de la mejora genética en los reinos animal y vegetal. La influencia de la heterosis, sin embargo, no está restringida a la enjambrazón y al mal temperamento: ésta actúa también en la vitalidad, la resistencia a las enfermedades y, en realidad, sobre todos los rasgos que afectan en la prestación. La influencia de la heterosis se manifiesta plenamente en el resultado final, la producción de miel. Las carencias de cada una de las características se reflejan en este resultado final, pero de manera negativa. Solamente cuando todos los factores que tienen una influencia sobre la producción alcanzan su pleno potencial y se completan recíprocamente, es cuando se pueden obtener los mejores resultados.

Tengo aquí que subrayar una vez más la importancia de una característica particular, la de la fertilidad. La prestación de cada colonia está estrictamente ligada a este rasgo. En realidad, la fertilidad juega un rol muy importante en el cruce selectivo.

En general, se cree que los primeros cruces son siempre muy fértiles, todavía más respecto a la variedad de la cual derivan. Esto es verdad, pero solamente en parte. En mi experiencia, la heterosis no tiene una influencia apreciable sobre la capacidad de deponer del primer cruce cárnica – Buckfast, cárnica – italiana o cárnica – griega. La cría de estos cruces está, en realidad, más sana y compacta, pero la cantidad de cría no es mayor de manera significativa. La única excepción al respecto entre la variedad de la cárnica es la Sklenar. Por otro lado, los cruces recíprocos Buckfast – cárnica, italiana – cárnica, y, sobre todo, todos estos con la griega, en la F1 revelan todos los resultados opuestos, una fecundidad muy acrecentada. Los clásicos ejemplos de una fertilidad muy elevada son los cruces chipriota x Buckfast, chipriota – cárnica, sahariana x Buckfast y anatoliaca x Buckfast en el primer cruce, y, naturalmente, en todos los cruces entre razas en la F2.

Hay muchos puntos de vista diferentes y en contraposición sobre el valor práctico de la fertilidad. Lo que cuenta es la fecundidad, junto a las condiciones climatológicas y al flujo de néctar, es la base de cada empresa apícola de éxito. Desde el punto de vista de la selección, los cruces secundarios nos proporcionan las mejores posibilidades.

Para evitar cualquier tipo de malentendido tengo que insistir en este punto, o sea, que en todos los experimentos que hemos hecho con los cruces, los resultados en todos los casos eran obtenidos a través de un cierto número de intentos y comparaciones. Para alcanzar una evaluación completamente objetiva, el uso de cruces selectivos es obviamente esencial, y desde siempre se actúa así. En este caso, sentíamos la necesidad de hechos o resultados particulares, y utilizamos igualmente el recurso de los apareamientos casuales. En otras palabras, hemos utilizado todo medio posible para obtener los mejores resultados. Al lado de los resultados obtenidos había naturalmente excepciones, pero éstas servían solamente para establecer las reglas fundamentales y las normas.

Las excepciones, obviamente, se presentaban accidentalmente, a causa de las condiciones locales y de una serie de factores. En la apicultura, una capacidad altamente desarrollada o una serie de capacidades pueden fácilmente llegar a ser una desventaja. Por ejemplo, una abeja muy prolífica y altamente productora que sea colocada en una cámara de cría que no da el espacio para su fertilidad está destinada a presentar una imagen completamente falseada de sus reales capacidades, y puede llevar a desilusiones sobre su potencial. Donde este potencial no puede expresarse es donde se ponen de manifiesto los aspectos negativos. Sin embargo, la maravillosa capacidad de adaptación de la abeja, a menudo ayuda al apicultor a superar las consecuencias de su ignorancia. Cualquier apicultor que confíe en los apareamientos casuales tiene que hacerlos con los cruces, casi siempre cruces con razas diferentes, pero, en todo caso, con apareamientos mixtos y zánganos con orígenes mestizos. La naturaleza nos ha puesto en las manos la herramienta con la cual podemos, en gran medida, mantener dentro de ciertos límites los efectos de los apareamientos mixtos, o sea, la dominancia de la reina. La influencia del zángano en la selección de las abejas, tanto desde el punto de vista teórico, como desde el punto de vista práctico, es mucho menor que en otras selecciones de animales, donde prevalece todo lo contrario. Seleccionando reinas reproductoras de una particular raza, podemos controlar los resultados finales de nuestra selección y también de la prestación. Esto siempre tiene que ser tomado en consideración cuando nos ocupamos de los cruces entre razas; y no podemos tampoco olvidar que, a partir de una variedad pura, podemos alcanzar los mejores éxitos solamente cuando ésta es cruzada de manera conveniente.

Estas reflexiones y estos ejemplos han sido expuestos y realizados para proporcionar una línea de orientación a los apicultores profesionales y comerciales. Han sido pensadas para ofrecerles las informaciones necesarias y evitar las trampas del cruce selectivo, y también para enseñar cómo, de la manera más sencilla y con las herramientas ordinarias, se puede conseguir con las propias colmenas los máximos resultados. Es mi opinión que los problemas del cruce selectivo han sido, hasta ahora, raramente afrontados de manera realista. La idea de que los mejores resultados, también en la selección, puedan ser obtenidos solo con métodos y procedimientos complicados no corresponde a la realidad – de hecho, más bien es el caso contrario. Es verdad que ningún cruce nunca podrá satisfacer las esperanzas y expectativas de todos los apicultores, pero esto, a menudo, ocurre porque muchos apicultores no saben decidirse a adoptar los cambios y las adaptaciones necesarias en sus métodos. Los científicos, frecuentemente, han declarado que los cruces pueden aumentar los niveles de producción hasta un 30%, más o menos. Nuestra experiencia ha demostrado que un programa de selección conducido de manera apropiada puede aumentar los niveles hasta un 300%. Estas cifras se refieren a la media, y no a una prestación individual excepcional.

Sin duda, el objetivo de un incremento en la producción de una media de 200% parecerá a muchos un objetivo puramente utópico. Pero creo importante citar un ejemplo concreto para demostrar que la pretensión de un 30% de incremento no se acerca para nada al nivel que se puede obtener. Los siguientes resultados son muy instructivos, a mayor razón porque provienen de tres campañas bastante diferentes entre ellas.

El año 1.956 para nosotros fue una campaña muy inferior a nuestras medias normales: la media efectiva por colmena fue solamente de 11,7 Kg. Sin embargo, las abejas anatoliacas alcanzaron una media de 32,6 Kg. El año siguiente fue moderadamente bueno, dando una media de 27 Kg. por colmena, alrededor de la misma media de los últimos cuarenta años anteriores, pero las anatoliacas alcanzaron una media de 64,3 Kg. El último ejemplo fue en 1964, año en el cual, en nuestros apiarios, testamos un cruce con la sahariana. Aquel verano la media general fue de 36,6 Kg. por colmena, pero la de las saharianas alcanzó los 113 Kg. Tengo que subrayar un incremento del 100% en la producción – que significa el doble de la media del apiario - referido a una media de 50 Kg. Por lo que su importancia es mucho mayor que un incremento del 30% en una media de solo 5 Kg. Las cifras que no consideran las medias de los apiarios no tienen valor ninguno.

Selección por combinación

Todos nuestros experimentos con cruces tienen dos objetivos: primero, son una herramienta indispensable para alcanzar la máxima cosecha de miel; segundo, son la preparación y el trampolín para la selección combinada. El cruce selectivo, por sí solo, aunque tenga un valor económico determinante, puede producir resultados solamente de valor temporal, con ventajas transitorias. Los cruces tienen que ser periódicamente renovados. Por otro lado, el objetivo de la selección combinada es el de fijar permanentemente las ventajas obtenidas, de manera que presenten estabilidad. Contentarse con ganancias puramente transitorias no es suficiente. Las ventajas esencialmente prácticas de toda nueva combinación alcanzan su pico solamente a través de una ulterior heterosis, dado que cuanto más grandes son las posibilidades en la variedad de origen sobre el cual el cruce se basa, más intenso será el efecto de la heterosis. Toda combinación que tenga como meta un objetivo determinante tiene que ir, como siempre ocurre, un paso más allá. La abeja será así mejorada en cada paso, y, de la misma manera, ulteriores posibilidades se ponen a disposición.

Tengo que subrayar contundentemente que el término "nuevas combinaciones" se refiere exclusivamente a la síntesis de factores hereditarios que son transmitidos con la misma regularidad que observamos en la raza pura. Sería naturalmente utópico esperar una constancia del 100% en cada factor, pero esto sirve también para las variedades puras.

Para demostrar que esto no es solamente una mera especulación, sino que deriva por completo de los resultados de la experiencia práctica, tengo que proporcionar una breve relación de la historia de la abeja Buckfast. Esta es originaria de un cruce hecho antes de 1.920 entre una italiana oscura, del color del cuero de aquella época, y la antigua variedad inglesa de la raza de Europa occidental. En torno a 1.940 fue introducida en esta variedad una nueva combinación, que había sido desarrollada durante diez años de un cruce francés. En 1960 fue incorporada una nueva adquisición de un cruce griego. Estas nuevas combinaciones fueron cuidadosamente seleccionadas durante algunos años y solamente cuando la unión de los factores hereditarios estaba definitivamente fijada y satisfacía todas nuestras necesidades, fueron introducidas en la variedad principal. En otras palabras: las nuevas combinaciones han sido seleccionadas, han sido testadas durante un periodo de tiempo y, un paso tras otro, "ensambladas" antes de ser finalmente unidas a la variedad principal. El fin de este programa de selección era la consecución de un incremento permanente y de la intensificación de las potencialidades de las prestaciones de las abejas. Mi experiencia ha demostrado que para el desarrollo de nuevas combinaciones se requiere un periodo mínimo de siete años.

Como requisitito para una iniciativa de este tipo, es necesario un conocimiento completo de las diferentes razas y de los tipos locales, así como de la concentración en los individuos de los factores hereditarios particulares. Tenemos también que conocer, con adelanto, cuáles son las posibilidades de selección y de qué manera se adaptan mejor a nuestros planes de selección. Cada raza tiene su ventaja y desventaja, sus características buenas y malas, siempre en combinación entre ellas de diferentes maneras y medidas, tal y como está establecido arbitrariamente por la casualidad y la circunstancia.

La experiencia demuestra que las dificultades prácticas de la selección de nuevas combinaciones están lejos de ser pocas, pero enseñan también que las dificultades teóricas han sido sobreestimadas. Desesperar para alcanzar el ideal, que, desde el punto de vista teórico es una posibilidad entre un millón, es algo de lo que no hay que preocuparse excesivamente. No es así como podremos ganar esta apuesta, sino que con nuestros esfuerzos podemos obtener algunas nuevas combinaciones muy ventajosas. Como dije, estos esfuerzos pueden darnos nuevas selecciones dentro de un periodo de tiempo comparativamente corto, y ciertamente más rápido que el requerido en una selección de una variedad de laboratorio. En la selección de las abejas de la miel podemos utilizar los atajos que nos ahorren todos los esfuerzos dispendiosos en términos de tiempo y dinero que se requieren en la selección de los animales.

Desarrollo de nuevas combinaciones

Ya he indicado los requisitos esenciales para una sólida transmisión de los factores hereditarios, o sea, por el cruce selectivo de dos particulares razas. La elección de estas dos razas está determinada por los objetivos a los cuales miramos en ese momento particular o, con más precisión, los factores específicos que queremos introducir en nuestra variedad. Como ejemplo, podemos citar los siguientes: en la anatoliaca buscamos la máxima frugalidad; en la sahariana, la más alta fertilidad; en la griega, la reluctancia a la enjambrazón. En cada uno de estos casos, naturalmente, no nos ocupamos de un solo rasgo altamente desarrollado, sino de una serie inevitable de características. Mientras desarrollamos nuevas combinaciones, a menudo aparecen nuevos factores de los cuales antes no teníamos ninguna idea. De vez en cuando, estos factores pueden ser indeseados o incluso mutaciones.

Como ya he indicado en nuestra primera fase, el programa de desarrollo de nuevas combinaciones es testear las razas en nuestras condiciones climatológicas. La segunda fase es cruzarlas experimentalmente con nuestra abeja Buckfast. Estos cruces son efectuados, tanto en el lado materno como en el paterno, como la experiencia nos ha enseñado hacer. En este sector no hay reglas absolutas. Tenemos siempre que tener presente las circunstancias, y los pros y los contras de cada intervención. Con la siguiente fase, la clave está marcada con el desarrollo de una selección combinada.

En todas las otras formas de selección, la autofecundación o endogamia de la F1 origina las segregaciones de Mendel, con la nueva combinación. Como consecuencia de la partenogénesis, en la abeja no hay zánganos F1 en el primer cruce, y por esto se presentan problemas que nunca se han encontrado en otros ámbitos de la selección. El mismo Mendel, con la autofecundación de los individuos F1, produjo en la progenie F2 la clásica segregación, en los individuos de F2 la nueva síntesis de los factores hereditarios que seleccionó en pureza. Para entonces él ya había obtenido la nueva síntesis hereditaria en la F2.

Considerando la partenogénesis en la abeja, tenemos que contar con un estado de cosas verdaderamente complicado. Una reina F1 produce zánganos de descendencia pura. Es solamente en las reinas F2 que obtenemos los zánganos F1 que necesitamos para el apareamiento con las hijas de una reina F1. Así que la segregación requerida ocurre solamente como resultado del apareamiento tía-sobrino. Pero aquí surge otro problema. Dado que los zánganos derivan de huevos no fecundados, los millones de espermatozoides que el mismo zángano produce son, desde el punto de vista genético, absolutamente idénticos. En otras palabras: el hijo de la reina F2 corresponde con la herencia genética que esta reina recibe de parte de sus padres, o sea, de los abuelos del zángano. Así obtenemos la segregación entre los zánganos de una reina F2, y también la completa uniformidad en el semen de cada zángano. Como resultado de esta uniformidad en la herencia genética de cada zángano en la herencia de la abeja melífera, hay una mayor constancia que en las otras formas de vida. Como ahora sabemos, el equilibrio viene restablecido con el apareamiento múltiple. Podemos así obtener la segregación, y la obtenemos, pero no de la misma forma específica que en los animales y las plantas, en los cuales la partenogénesis no existe.

Selección intensiva

En la abeja obtenemos entonces la segregación decisiva, en la cual aparece una nueva combinación de los factores hereditarios, en el apareamiento tía- sobrino. La segregación es incluso mejor en la F3 con ciertos cruces. Pero, de todas formas, tiene que darse una selección intensiva, que luego hay que continuar durante todo el recorrido. Como ya recordé, la teoría dice que cuando entran en juego un cierto número de factores hereditarios para obtener las combinaciones ideales, son necesarios millones de individuos. A partir de esto, se puede fácilmente ver que podemos obtener éxitos solamente utilizando el mayor número posible de individuos. Está claro que, en los mejores casos, solamente gracias a la suerte podemos alcanzar la síntesis de los factores que corresponden a nuestras necesidades, y éstos pueden llevar, paso a paso, a la meta que nos hemos fijado. Esto está confirmado por la experiencia. El seleccionador de plantas, en esta circunstancia, se encuentra favorecido: en su selección, prácticamente no conoce límites. Pero en el caso de las abejas tenemos solamente un número restringido de individuos, en el mejor de los casos, algunos millares.

La selección intensiva comienza inmediatamente después del nacimiento de una reina virgen en una incubadora. Cualquier otro sistema para esta selección es impracticable. Por necesidad, tenemos que desempeñar esta selección siguiendo precisas características exteriores; no tenemos otras posibilidades de control. El número de reinas descartadas varía considerablemente, pero normalmente es muy alto. Nosotros calculamos una pérdida del 80% en la primera selección y sucesivamente el 10% en la segunda, que sigue el nacimiento de las primeras jóvenes abejas. Este último 10% se utiliza para guiar colmenas para la producción de miel, pero nunca se utiliza para la selección. Estos son individuos que contestan a nuestras necesidades, por lo que resguardan las características exteriores, pero tienen una composición hereditaria aun mezclada. De esta manera, todos los individuos indeseados son eliminados. No hay otro camino para alcanzar lo que necesitamos. Producir un millar de reinas del primer tipo hoy no es un problema, recurriendo al método del traslarve y según el número de reinas del cual disponemos. Esto, de hecho, no crea ninguna dificultad particular a las capacidades productivas de nuestras colmenas.

Como dije, la selección se basa en determinados colores indicadores de la herencia. En esta fase del desarrollo no tenemos otros criterios con los que llevar adelante la selección. Estos colores indicadores no nos dan ninguna certeza absoluta de los factores cualitativos y cuantitativos que los individuos puedan manifestar. Sin embargo, éstos nos proporcionan una indicación sobre lo que nos podemos esperar. Como nuestros experimentos han demostrado claramente, existe una relación entre los colores, los factores fisiológicos y el comportamiento. En este tipo de selección la experiencia juega un rol importantísimo. Además, una sólida capacidad de evaluar requiere un fuerte sentido práctico, que no tiene que ser desviado por cuestiones secundarias o de evaluaciones pseudocientíficas.

Suponer que con un apareamiento tía – sobrino nuestro objetivo ya ha sido alcanzado sería del todo errado. Solamente con la selección intensiva sucesiva nos acercaremos, paso tras paso, a la meta que nos hemos prefijado, gracias a una serie de generaciones sometidas cada una a test objetivos y selecciones para cada necesidad individual, con el fin de llegar, con suerte, a una nueva combinación de factores plenamente satisfactorios. Sería, por tanto, equivocado presumir que cada cruce arbitrario puede conducir a una síntesis eficaz, dado que existe siempre la posibilidad que una síntesis de valor pueda no ser reconocida, o serlo demasiado tarde. Por otro lado, un modesto cruce puede, durante su desarrollo, producir resultados satisfactorios extraordinariamente buenos.

Casi cada seleccionador considera, en tales circunstancias, haber sobreestimado el valor de los colores o de la uniformidad extrema. El seleccionador de nuevas combinaciones genéticas tiene que estar en alerta también contra una tentación así. Una gran uniformidad es fácil de obtener, pero, por lo que parece, solamente a cargo de la vitalidad. No estoy al corriente de la existencia de una raza geográfica que muestre en su tierra de origen el tipo de uniformidad equiparable a la que, a menudo, buscan los apicultores modernos. Desde el punto de vista comercial, tales esfuerzos están destinados a naufragar contra los inconvenientes de la realidad. Hace más de dos mil años, Aristóteles subrayaba el hecho de que las abejas no uniformes en Grecia se demostraban mejores que la variedad uniforme que había en su tiempo. En la práctica de todos los días, tenemos que tolerar, en las nuevas combinaciones, un espectro de variaciones de color más bien amplio, y esto aplica también para las otras características exteriores. Lo que demandamos es una rigurosa uniformidad de los factores esenciales que tiene una repercusión económica.

Algunos resultados de la selección por combinaciones

Como en todas las iniciativas, también en este caso la marca del éxito nos viene dada a través de las conquistas obtenidas. Además, los resultados conseguidos demuestran claramente la posibilidad de que, en el caso de la abeja, puedan ser obtenidas con un preciso esquema de cruce selectivo y la síntesis de las combinaciones genéticas. Tal vez tendría que volver a llamar la atención sobre un exiguo número de conquistas más significativas, dado que los resultados positivos resultan siempre más convencedores que solo las palabras.

El buen temperamento de las abejas de hoy en día sin duda un ejemplo clásico de los progresos alcanzados en los últimos años. El carácter de las abejas de hace setenta años puede ser descrito solamente como "feroz". El buen temperamento está reconocido como uno de los rasgos que no tiene nada que ver con la predisposición a cosechar miel, sino una característica que aligera inmensamente nuestro trabajo. En realidad, la bondad de la abeja en la apicultura moderna es uno de los requisitos esenciales.

Otro rasgo indispensable es que la abeja sea reluctante a la enjambrazón. Las medidas habituales para prevenir la enjambrazón en un apiario moderno no tienen sitio. Sus costes, en términos de dinero y esfuerzo, desde una perspectiva económica no está justificada. Puedo recordar un tiempo en el cual, antes del final de abril, se esperaba la enjambrazón: las colonias actuales no tendrían que mostrar ningún signo de enjambrazón antes del final de junio, sino solo en circunstancias verdaderamente excepcionales.

Sobre estas señales, todo aquello que es necesario para llevar a cabo una medida preventiva es la destrucción de las celdas reales. Todavía, la reluctancia a enjambrar no es, de ninguna manera, algo absoluto. También las abejas más reluctantes a la enjambrazón construirán celdas reales en el caso de que haya una penuria en el espacio del nido, o sea demasiado estrecho el mismo nido. Además, los primeros cruces, debido a la heterosis, son siempre proclives a enjambrar.

La cosecha de la miel es el resultado de la suma de muchos factores hereditarios, y en último análisis, es el factor decisivo que determina la convivencia de cualquier forma de apicultura. Si hace tiempo una media de 4 Kg, de miel por colonia era habitual, hoy en día avanzamos a medias de más de 40 Kg., mientras que en los mejores años se han obtenido medias de más de 100 Kg. En algunos casos, cuando las abejas han sido transportadas a diferentes floraciones, las medias han superado los 150 Kg. Estas cifras no se han dado solamente en cosechas récord, sino que indican que, por medio de la selección por combinación, es posible obtener incrementos de producción bastante considerables. De hecho, yo veo la consecución de cosechas excepcionales como un empuje para alcanzar ulteriores esfuerzos en la selección.

Un programa bien mirado de selección por combinación tiene necesariamente que ser guiado por consideraciones prácticas y económicas; no puede haber objetivos secundarios. Por otro lado, aunque se quiera conseguir una sola meta, no se tiene que asumir la mentalidad de acomodarse en ese único objetivo. No se puede, por ejemplo, orientarse totalmente hacia una alta producción de miel y descuidar todos los otros factores requeridos por la apicultura. Aquello que requerimos es una combinación completa, la combinación que contemple los diferentes aspectos y que selecciona verdaderamente. Sin estos requisitos mencionados por último, una combinación se puede echar a perder! Pero, cuando cualquier combinación o síntesis de este tipo, que satisface todo requisito y que selecciona constantemente y de verdad, es denominado con el término "híbrido", se comete sin duda un error terminológico. Un auténtico resultado de valor duradero no se puede alcanzar en una noche. Los éxitos llegan por fases, casi imperceptiblemente y en un periodo de años, como en el caso de todos los éxitos permanentes.

Híbridos múltiples

Aquí hay que mencionar los experimentos americanos con los conocidos híbridos de maíz, que han despertado la esperanza de que resultados similares, con cosechas elevadas, puedan ser alcanzados también con las abejas. En primer lugar, no hay duda en el hecho de que estos cruces, tanto con el maíz como con las abejas, sean verdaderos híbridos: se trata, más bien, de cruces de líneas genéticas. Como resultado de este tipo de selección, la máxima heterosis, que es alcanzada en el maíz, en nuestros experimentos en la abeja se verifica solamente de manera muy modesta.

Este método de selección impone unos costes muy elevados, dado que para obtener el nivel de heterosis necesaria, existe la necesidad de líneas altamente endogámicas, obtenidas a través de la inseminación instrumental en una serie de generaciones, antes de que se pueda establecer el apareamiento de las líneas genéticas. El gran coste requerido está, quizás, justificado en América septentrional, porque allí el material necesario para un genuino cruce de las razas no está disponible. Los cruces fáciles de razas provocan en la producción mayores incrementos sustanciales, con un mínimo coste.

UNA EVALUACIÓN DE LAS POSIBILIDADES DE SELECCIÓN ENTRE LAS DIFERENTES RAZAS DE ABEJAS

Introducción

En la primera parte de este libro me he ocupado de los aspectos teóricos de la selección; en la segunda he hablado de los diferentes métodos de selección, sus ventajas y desventajas, y de sus posibilidades. En la tercera parte quisiera pasar a hablar de la evaluación del potencial en la selección de las diferentes razas geográficas de *Apis mellifera*. Esta parte, de hecho, se ocupa del material bruto que la naturaleza ha puesto a nuestra disposición en estas diferentes razas.

Un seleccionador inteligente, antes de estar determinado a cualquier programa de selección, se habrá informado bien sobre las características individuales y sobre las capacidades de estas razas, sobre sus virtudes y defectos. Es similar al enfoque de un arquitecto que, si quiere tener éxito, debe tener en consideración las particulares características de la herramienta que quiere utilizar. La selección de las abejas, sin un plan definitivo, no nos lleva a ninguna parte. Además, a diferencia del arquitecto, el seleccionador de abejas trabaja sobre material vivo, en el cual los puntos buenos o malos no pueden definirse con seguridad matemática.

Para estimar el efectivo valor de las razas respecto a nuestro programa de selección, tenemos que tener en cuenta un gran número de factores. Quisiera ahora describir los resultados de nuestras experiencias con las diferentes razas de abejas. Para hacerlo de manera concisa, son necesarias algunas repeticiones de cuanto ya dije, a fin de que sea posible ver cómo solamente la interacción entre todos los diferentes factores lleva a una evaluación objetiva.

Los objetivos de la Naturaleza en la selección

Como remarqué más de una vez, desde el punto de vista de la selección, el único objetivo de la Naturaleza es la preservación y la propagación de la especie en determinadas circunstancias. Este objetivo se consigue eliminando a todo individuo que no pueda satisfacer las necesidades que se ponen por delante. Desde el lado opuesto a esta selección unilateral y a este limitado objetivo selectivo, el Medio nos ha dotado de una amplia gama de razas de abejas, y ha puesto a nuestra disposición la riqueza de un material de selección de valor incalculable.

La idea de que una abeja originaria de un hábitat en particular tenga que ser necesariamente la mejor para aquella región, está equivocada. En la práctica, la experiencia ha demostrado que las importaciones de áreas diferentes, o de otras partes del mundo, pueden resultar mejores que una variedad indígena. Porque la Naturaleza está obligada a atenerse a las características que están presentes en tal raza. Así, por ejemplo, la raza cárnica de Europa central resulta mejor que las razas de Europa occidental nativas en aquellas regiones, como también la italiana lo es en cualquier lugar.

Aclimatación

El problema de la aclimatación, que muy a menudo en la selección de las plantas y de los animales es un elemento decisivo, en el caso de la selección de las abejas no tiene un rol tan importante. La razón es que las reinas y los zánganos, de los cuales depende la reproducción, normalmente entran en contacto con el mundo exterior solamente durante el vuelo nupcial. Una reina pasa su vida dentro de la colmena casi del todo aislada del mundo que la rodea. La única variable en su vida es el aprovisionamiento de alimento, pero esto influye solamente en su potencia en la deposición.

Por largo tiempo, la abeja se adaptó al medio que la rodea exclusivamente a través de la eliminación de todos los individuos no idóneos. Los experimentos conducidos por el Docto. J. Louveaux, que ha transferido variedades de abejas desde el área parisina hasta el sur de Francia y viceversa, son ejemplos de la adaptación a las condiciones locales. Pero esto significa que solamente las variedades o tipos locales en determinadas condiciones, si se dejan a su suerte, son capaces de salir adelante por sí mismas. Variaciones de este tipo resultan ventajosas – o al revés – cuando sustituimos ciertos tipos locales u otros, o las transferimos en regiones de características completamente diferentes.

En los países que producen más miel del mundo – América septentrional y meridional, Australia y Nueva Zelanda – no tienen abejas originarias, y las importaciones de Europa no han ido nada mal. Estas han proporcionado la prueba más evidente de que para las abejas no existe ningún tipo de aclimatación. A menudo, para determinadas razas, es más difícil adaptarse a métodos apícolas rígidos respecto a un medio nuevo. Las importaciones, si son tratadas correctamente, a menudo traen cosechas más abundantes de miel respecto a lo cosechado por parte de las abejas originarias aclimatadas. Además, aquellas pueden sobrevivir mejor a los rígidos inviernos y a las primaveras difíciles. Hace poco tiempo fue demostrada la exactitud de todo esto gracias a los experimentos conducidos en zonas de Europa septentrional. También los experimentos conducidos por el Docto. J. Louveaux, demuestran claramente que las abejas pueden adaptarse a las circunstancias que con el tiempo se demuestran más prevalentes. Pero sería equivocado concluir a partir de esto que, por el hecho de poderse adaptar de tal manera, solamente una abeja condicionada es capaz de producir la máxima cosecha en un particular lugar. Si fuera así, entonces tendríamos inevitablemente que depositar nuestra confianza en las variedades que se han adaptado en aquel medio en particular en el arco de millones de años Pero las cosas no son seguramente así.

Medio ambiente

Para entender correctamente de qué manera hemos evaluado las diferentes razas, es necesario tener en consideración nuestras condiciones climatológicas y nuestros recursos nectaríferos. Aunque las características fundamentales de cada raza no cambian en relación a su compatibilidad genética y según su ubicación en un medio determinado, un cambio de sitio puede todavía incidir temporalmente en el desarrollo y la formación de las características de una raza. Esto, a su vez, evidencia sus aspectos buenos y malos.

En Inglaterra suroccidental, donde todos los experimentos han sido sacados adelante, normalmente no tenemos inviernos rígidos ni tampoco largos veranos como los del continente. Como resultado de nuestra ubicación en el ángulo meridional de Dartmoor, tenemos una media de precipitaciones de 165 cm, comparada con toda Inglaterra meridional, con una media de 76 cm. La humedad predominante que caracteriza tanto el verano como el invierno no ayuda a obtener los mejores resultados en apicultura, comparándolos con aquellos de otras partes de las islas británicas. Los fracasos totales son frecuentes, y los largos periodos de lluvia son el rasgo usual de nuestros veranos. El máximo flujo de néctar es el del trébol blanco, *Trifolium repens*, que con buenas condiciones florece desde la mitad de junio hasta el final de julio. El brezo, *Calluna vulgaris*, nos proporciona otro flujo de néctar desde agosto hasta el comienzo de septiembre. Para aprovecharlo, tenemos que transportar las colmenas a los brezales. Hay también recursos de néctar limitados, por parte de sauces y sicomoros.

En este tipo de clima y con estas condiciones de flujo melífero, necesitamos de una abeja que sea resistente a las condiciones climatológicas que cambian , de particular manera en los inviernos; que sea resistente al nosema, que sea capaz de un arranque primaveral con la presencia de mal tiempo, que tenga una capacidad de ahorro de energía muy desarrollado; además, tiene que ser, al mismo tiempo, capaz de mantener una óptima fuerza de la colonia, para aprovechar al máximo cualquier posible flujo de néctar. Además, no tiene que ser proclive a la enjambrazón y resistente a las enfermedades, sobre todo a la acariosis.

Una abeja propensa al nosema, a la acariosis o la parálisis, en este lugar no puede sobrevivir. Año tras año, la extrema humedad, junto a la falta de sol y de un verdadero calor, requiere de una abeja verdaderamente enérgica y con una salud de hierro.

Desde el punto de vista de la selección, incluso estas condiciones climatológicas difíciles tienen una gran ventaja; cualquier vulnerabilidad a las enfermedades y cualquier tipo de debilidad se manifiestan inmediatamente. Si el clima y las condiciones para la cosecha de miel fueran siempre excelentes no se podría nunca llegar a una evaluación verdaderamente fiable, habría siempre desconcierto, porque, como siempre, en la naturaleza en tales circunstancias las características indeseadas y las debilidades no se manifiestan rápidamente. Buenas cosechas constantes pueden enseñar, y efectivamente demuestran, cuáles son las potencialidades de una raza, pero al mismo tiempo pueden ocultar desventajas o debilidades genéticas.

Un lugar desventajoso, junto a grandes fluctuaciones de cosecha estacional, alternados por singulares campañas muy buenas, ofrecen posibilidades de una base mucho más fiable que las que obtendríamos en el caso contrario.

Estándar de referencia

La media de la producción puede ser medida en números. Pero en nuestra evaluación tenemos en cuenta factores que no se reflejan en la cosecha de miel, y que realmente nunca tienen que ver con la producción de miel, dado que el grado de variación no puede ser determinada matemáticamente. Por ejemplo, el buen temperamento, así como otros factores, no puede ser expresado en números. De hecho, en lo que respecta a la medida de determinadas características, nos encontramos frente al gran problema de cómo estimar y ser objetivo a la hora de valorar la raza de abeja. Esto no significa que no podamos evaluar el grado, por ejemplo, de buen o mal temperamento, simplemente no podemos representarlo en números. De todas formas, tiene que haber un estándar en referencia al cual sea posible hacer una evaluación de cada tipo de raza. Esto es un requisito esencial para cualquier evaluación objetiva de una línea pura, de una raza, un cruce o una nueva combinación. En nuestra concreta experiencia, este rol es asumido por la abeja Bukcfast. Desde el punto de vista comercial, las cosechas medias que se han producido en el transcurso de los años, obtenido con un gasto mínimo en términos de esfuerzo y tiempo, son el criterio determinante. Esta no siempre es la medida para una variedad o raza de un particular valor desde el punto de vista de la selección: existen algunas razas o variedades que producen cosechas bastante más importantes, pero, en cambio, con mucho más tiempo y esfuerzo. Sin embargo, estas variedades, cuando son cruzadas de manera oportuna, pueden ser de gran valor para la selección.

Hallazgos biométricos

Este, quizás, sea el momento más oportuno para dedicar unas palabras sobre la importancia que tiene la biometría en la selección. Estos datos nos proporcionan informaciones apreciables en el desarrollo y orígenes de las diferentes razas de abejas y la relación existente entre ellas. Sin embargo, estas mediciones se ocupan solamente de las medidas externas, y no pueden darnos ninguna indicación directa sobre los rasgos fisiológicos de las abejas y su comportamiento. Así, por ejemplo, la raza cárnica abarca muchos tipos locales que en su aspecto externo muestran gran uniformidad, mientras que en los rasgos fisiológicos y comportamentales son sustancialmente diferentes. La abeja griega, Apis mellifera cecropia, exteriormente es muy parecida a la cárnica, pero en cualquier otro aspecto son tan diferentes como la cal y el yeso. Todavía, estos datos biométricos nos proporcionan puntos de referencia que forman parte integrante de la selección moderna de las abejas.

Mis investigaciones

Durante casi medio siglo, hemos sido conscientes del hecho de que la única manera de progresar en la selección de *Apis mellifera* era recurrir a la selección por combinación, o sea, a partir unir en un individuo las características importantes desde el punto de vista comercial de las diferentes razas. Estas razas de abejas que la naturaleza nos ha puesto a disposición están ampliamente distribuidas, y en igual medida aisladas, principalmente en los países que se asoman al Mediterráneo. Nuestro primer compromiso, entonces, antes de adentrarnos en la selección por combinación sobre una base más amplia, fue investigar el potencial que el medio, en cada raza, nos había proporcionado para la selección. Esto la naturaleza no podía hacerlo. Lo ha dejado en manos de los apicultores de hoy en día, pero por millones de años ha cumplido con el trabajo necesario para alcanzar un logro similar.

Hasta hace alrededor de treinta años, todos nuestros conocimientos sobre las diferentes razas de abejas estaban, más bien, basadas sobre la hipótesis y sobre teorías que se escuchaba aquí y allá. Ahora, nuestras indagaciones nos han dado informaciones fiables sobre el valor que cada raza o variedad local tiene para la selección, sobre la relación genética existente entre diferentes grupos de razas, sobre los aspectos morfológicos y fisiológicos que las caracterizan y sobre las medidas de su fiabilidad. Por tales detalles decisivos, antes teníamos un interés superficial o del todo inexistente. Sin embargo, solo ese conocimiento esencial puede ser la base para crear un cruce o una selección para combinaciones que sean fiables.

En 1.880 el canadiense A.D. Jones, seguido por el americano Frank Benton dos años después, hizo una excursión al Medio Oriente, pero su objetivo fue bastante diferente respecto al nuestro. Ambos se encontraban en la búsqueda de una raza de abeja que valía más que la italiana. Su aventura obviamente no obtuvo ningún resultado.

Las características esenciales de las razas de abejas

Ligústica

Esta raza abarca un cierto número de variedades claramente distinguible. Desde el punto de vista comercial y de la selección, la mejor abeja es la abeja oscura, del color cuero, que tiene lugar en los Alpes Ligures. La variedad con coloración más clara, que durante un tiempo era enviada a todo el mundo desde Bolonia y su provincia, se ha demostrado satisfactoria en todas partes, pero también ha revelado las desventajas de su raza más claramente respecto a la hermana más oscura. La variedad más clara, típicas en América del Norte y del Sur, en Nueva Zelanda y en Australia, tiene un gran número de ventajas y desventajas, pero, por lo que hemos podido averiguar, son menos aptas para los objetivos de la selección. La variedad dorada, o áurea, que durante un tiempo tenía muchísima fama, ha demostrado ser un fracaso desde todos los puntos de vista prácticos. Cualquier resultado que no declare cual sea la exacta variedad de la ligústica, pude conducir a conclusiones erróneas. Las cuatro variedades de la ligústica no pueden ser agrupadas entre ellas, tampoco ser colocadas bajo un único denominador común. Desafortunadamente, éste se verifica muy a menudo.

Desde el punto de vista comercial y de la selección, el valor de la ligústica consiste en una feliz síntesis de un gran número de características de valor. Entre estas podemos nombrar la laboriosidad, la docilidad, la fecundidad y la reluctancia a enjambrar, el impulso a construir panales de cera, los opérculos blancos para la miel, la disposición a subir en las alzas, la limpieza, la resistencia a las enfermedades y la actitud para recolectar miel floral respecto a la melada. La última característica mencionada tiene valor solamente en los países donde la coloración de la miel determina el precio. La ligústica ha demostrado ser capaz de producir una buena cosecha de trébol rojo. Además de otra característica que se ha demostrado increíble, y es su resistencia a la acariosis. Esto es válido sobre todo en su variedad oscura, color cuero, mientras que la variedad dorada es altamente vulnerable a la acariosis.

Sin embargo, la ligústica tiene sus desventajas, y estas son muy importantes. Tiene escasa vitalidad y tiende a criar muchísimo. Estos dos defectos están en la base de sus otras desventajas. Tiende también a la deriva, causada por un escaso sentido de la orientación, y esto puede demostrarse como una desventaja cuando las colonias están colocadas en fila, ubicadas todas en una misma dirección, como se suele hacer en los apiarios de casi todo el mundo.

De manera bastante curiosa, todos los defectos recién mencionados de este tipo de abeja aparecen de forma muy acentuada en la variedad de coloración muy clara, añadiendo uno más: una costumbre fuera de lo común en consumir reservas. En los países europeos, estas variedades de han demostrado muy insatisfactorias, dado que tienden a transformar cada gota de miel en cría. Esta variedad de coloración clara es, asímismo, como ya dije, muy vulnerable a la acariosis. La razón de esto es desconocida, a pesar de todo el trabajo hecho para intentar descubrirla. Esto es verdaderamente sorprendente si consideramos que la ligústica oscura color cuero, por más de sesenta años, ha demostrado ser una de las más resistentes a la acariosis.

La concentración casi exclusiva de estas variedades italianas de coloración clara en América septentrional parece ser debido al hecho de que, en Estados Unidos subtropical, en el Sur y Oeste, los grandes centros para la crianza de las reinas se preocupan prevalentemente de la venta de reinas, mientras que la producción de miel ocupa un rol secundario. Necesitábamos, por tanto, de una abeja más propensa para criar, cosa que en condiciones climatológicas del todo diferentes constituye una desventaja.

En la ligústica oscura del color del cuero encontramos una combinación única de factores económicos y valores para la selección, gracia a la cual ésta ha sido bien acogida en cualquier parte del mundo. Si es manejada de manera oportuna, no le supera ningún otro tipo de abeja, respondiendo así al apicultor comercial y al aficionado, tanto en su raza pura, como si está cruzada. Para el cruce selectivo, es apta tanto del lado materno como del lado paterno, y esto ocurre también cuando está cruzada con cualquier otra raza. Esta actitud universal hacia la selección hace que la ligústica sirva como la mejor base para desarrollar futuras combinaciones selectivas.

Cárnica

Tenemos esta raza en nuestros colmenares desde el comienzo del siglo. Durante este largo periodo hemos probado, por lo menos, sesenta variedades, provenientes de todas las regiones de Austria, desde los límites con Yugoslavia hasta Grecia, prácticamente de cada lugar donde esta abeja está presente. El hecho de que nosotros mismos hayamos agrandado nuestra red de experimentos demuestra que teníamos grandes esperanzas en la cárnica. En Europa central, en los últimos cuarenta años, ésta alcanzó una posición tan privilegiada que pasó a ser considerada "la mejor abeja". En Inglaterra, donde hace un tiempo era ampliamente la preferida, ahora está prácticamente desaparecida.

Las características más importantes de la cárnica son: temperamento claramente bueno, tranquilidad en los panales, laboriosidad, sentido de la orientación, resistencia e impermeabilidad a las enfermedades de la cría, supervivencia al invierno y a las condiciones climatológicas inclementes, parsimonia altamente desarrollada, uso mínimo del propóleos y, para terminar, una lígula excepcionalmente larga, la cual es una gran ventaja en donde se recolecta el trébol rojo. Sus defectos son: desarrollo primaveral adelantado en primavera, reluctancia a subir en las medias alzas y tendencia a suspender la alimentación de la cría durante los intervalos del flujo nectarífero.

La desventaja más grande de la cárnica es, sin duda, su extrema tendencia a enjambrar, muy difícil de controlar. Otro defecto, por lo menos en nuestras condiciones, es su vulnerabilidad al nosema, a la parálisis y a la acariosis. Para terminar, aquello que para nosotros es una gran desventaja, es su escasa disposición a construir cera.

La cárnica es así una abeja que posee un largo listado de rasgos que son apreciados para el fin de la selección, y que están combinados solamente con algunos rasgos indeseados. Pero, como a menudo ocurre, estos últimos ejercen sobre aquellos apreciados una influencia desproporcionada considerando su exigüidad numérica. Esto, todavía, desde el punto de vista de la selección, no tiene gran importancia después.

Desde el punto de vista de la selección, las características más apreciadas de esta abeja son su temperamento increíblemente templado, su comportamiento tranquilo y su firmeza en el panal. Por otro lado, existen algunas variedades locales, en las regiones donde la cárnica está presente, que no poseen estas virtudes. Además, los cruces también con la más mansa de las diferentes variedades de cárnica pueden a veces originar una progenie de mal carácter. Sobre la fertilidad hay una marcada diferencia entre las variedades, que depende de su lugar de origen. En nuestras experimentaciones no hemos encontrado tampoco una que pudiera llenar de cría más de siete cuadros Dadant. Esta falta de fecundidad de la reina se manifiesta de manera evidentísima cuando, durante los intervalos de flujo melífero, para del todo de criar. Sus blancos opérculos como la nieve y su uso de la cera más que del propóleo – rasgo que hace un tiempo en Inglaterra era ampliamente apreciado – no están actualmente más presentes en ninguna variedad de esta raza, o por lo menos, lo son solamente de manera muy reducida. Igual que ocurre en las variedades de la cárnica que podemos reconocer hoy en día, no serviría para nada buscar la vitalidad que ésta manifestaba hace un tiempo. Los esfuerzos para producir uniformidad en las características externas han llevado, sin duda, hacia un debilitamiento de su vitalidad.

La tendencia bastante inusual a enjambrar de la cárnica es su rasgo más dañino. Esto se combina con el rasgo de suspender todas las actividades útiles cuando la colonia está en fiebre de enjambrazón. Una interrupción tal de todas las actividades útiles es algo que consideramos un defecto gravísimo. Los primeros cruces entre reinas cárnicas y otras razas acentúan siempre la tendencia a enjambrar y, por lo tanto, desde el punto de vista económico son desventajosas. Nuestras experiencias nos enseñan que siempre son preferibles los cruces recíprocos, o sea, el apareamiento con zánganos de cárnica.

Aunque con nuestras condiciones medioambientales no podemos emplear de manera provechosa a la cárnica, preferida respecto a otras razas, yo la considero irrenunciable para los fines de nuestros cruces selectivos. De hecho, la cárnica es la clave para abrir el potencial oculto de las otras razas, especialmente de aquellas originales. Nuestros experimentos nos han relevado que esta abeja es una especie de enigma. Tiene un enorme potencial que se manifiesta solamente en aquellos cruces que se pueden desarrollar. Esto, naturalmente, vale también para otras razas: el cruce selectivo pone en evidencia las posibilidades que la crianza en pureza no puede desarrollar.

Aquí tengo que hablar de una cosa: cuando entramos en el mérito de un cruce de "utilidad" general con esta raza de abejas, es necesario siempre utilizar los zánganos de la cárnica. El cruce recíproco – reinas cárnicas cruzadas con zánganos de otras razas – produce muy a menudo abejas de mal carácter y, al mismo tiempo, un primer cruce con escaso valor económico o inexistente. La heterosis intensifica su tendencia hereditaria a la enjambrazón, llevándola a un nivel todavía mayor de lo normal. El resultado es que el primer cruce de este tipo utiliza todos sus esfuerzos en su inquietud por enjambrar. Sin embargo, en las siguientes generaciones y sucesivas hay un considerable declive de la tendencia a enjambrar, que comprende el pleno desarrollo de aquellas características que tienen una influencia directa sobre la producción de miel, mientras que, al mismo tiempo, hay un aumento de la fertilidad, que a menudo alcanza un grado bastante elevado por cuanto no aparece en la línea de los padres directos.

Subvariedad de la cárnica

El hábitat originario de la cárnica está muy extendido. Esto comprende la península Balcánica por completo, a la cual hay que añadir algunos países del norte. No es una sorpresa que, en esta amplia área, con todas sus variaciones de clima y medio, haya un grupo de subvariedades de la cárnica. Un comentario aparte merece las abejas de Banato: aquella que se encuentra en los Cárpatos, altiplano de Pest, en Serbia, y aquellas de las montañas de Montenegro. Exteriormente todas estas abejas son difíciles da distinguir de la cárnica típica, de la de la Carnia, de la Carintia y aquella de la Estiria. Sin embargo, algunas tienen un carácter menos bueno que las demás, especialmente la de los Cárpatos. En conjunto, no son al mismo tiempo tendentes a la enjambrazón, pero, prescindiendo de esta característica, éstas no poseen los rasgos de valor económico que están presentes de una forma más desarrollada en la clásica cárnica de Eslovenia noroccidental y de la Carintia.

Abeja griega

La abeja originaria de Grecia, sin duda, pertenece al mismo grupo de la familia de la cárnica. Esta todavía está considerada, con razón, una subvariedad, por el hecho de que difiere de la cárnica en un cierto número de importantes características. Pero también, dentro de los mismos límites, en Grecia, se pueden encontrar diferentes variedades de esta raza. Nuestros experimentos demuestran que las variedades que se encuentran al este de los montes del Pindo, en Ática, y hasta las fronteras septentrionales del país son las más valoradas desde el punto de vista económico. Parece ser que la mejor variedad proviene de la península Calcídica, al este de Salónica.

Aristóteles, en su época, alrededor de hace 2.000 años, observó que la abeja griega menos uniforme tenía más vitalidad que las variedades oscuras, más uniformes, y esto está vigente todavía hoy en día. Estas abejas no tienen ni el color ni el aspecto uniforme, al cual a menudo se da gran valor. Sin embargo, a pesar de su aspecto exterior poco atractivo, desde el punto de vista comercial y de la selección, difícilmente la abeja griega encuentra otra de su mismo valor. Sobre el temperamento, es el mismo de la cárnica estándar, pero cuando es cruzada, su fecundidad solo es superada por unas pocas razas. La fuerza que estas colonias alcanza es excepcional, sin tener ninguna tendencia a criar en exceso, como a menudo ocurre. Al contrario que las otras razas prolíficas, la abeja griega tiene un sentido de la limpieza y del orden altamente desarrollado.

Una gran fertilidad, cuando no está acompañada de una reluctancia hacia la enjambrazón, no sería una verdadera ventaja, por lo menos en nuestras condiciones. La inclinación a enjambrar anula todos los beneficios que deriva de una fecundidad superior a la media. No obstante, juntando estas dos características deseadas tenemos la base para una apicultura productiva y remunerativa. En los hechos, cuando estas dos cualidades tan importantes en la abeja griega se encuentran asociadas, veo el auténtico valor desde el punto de vista de la selección. La reluctancia a enjambrar se manifiesta siempre en los primeros cruces y también en los cruces con la cárnica. Nuestros resultados parecen demostrar que el desarrollo de una variedad de cárnica que sea verdaderamente reluctante a enjambrar parece posible solamente a través de un cruce con una variedad griega.

Sobre sus cualidades menos apreciadas, la griega recuerda mucho a la anatoliaca, especialmente en su excesivo uso del propóleo, en la construcción de los puentes de cera entre los panales y en la construcción de opérculos acuosos y planos. Pero estos defectos en la griega son bastante menos evidentes: en realidad, en algunas variedades no aparecen para nada. En los opérculos de la miel, nos tropezamos por casualidad y accidentalmente con el tipo de opérculo ideal, que hemos considerado siempre una prerrogativa de la antigua abeja inglesa. La tendencia en construir puentes de cera entre los panales puede ser fácilmente eliminada con los cruces. He descubierto que la abeja griega es extremadamente sensible a la endogamia. Por otro lado, es mucho menos sensible al nosema, probablemente gracias a la gran fuerza de la colonia con la cual consigue superar el invierno. Nunca he notado ningún síntoma de acariosis, pero algunas colmenas han mostrado rastros de parálisis, especialmente cuando se adopta la endogamia. La abeja griega resulta excelente en el cruce selectivo, tanto hacia el lado materno como el lado paterno. En la selección de la línea pura, sus características apreciadas no resaltan en su plenitud. Es verdad que existen otras razas y cruces que tienen un valor de prestación más alto, pero yo he encontrado que esta variedad griega se adapta de manera extraordinaria a la selección combinada.

Siempre ha sido difícil obtener líneas de primera clase de esta abeja para fines de selección. Nosotros importamos las primeras reinas en 1.952, y con las siguientes tandas hemos sido afortunados. Pero en los últimos veinte años la situación se deterioró. Mis primeros temores sobre esto se habían manifestado ya en 1.952, cuando estaba en el norte del país, y pude ver una multitud de decenas de millares de colmenas, amontonadas de cada parte del país. Esto está llevando a un progresivo declive de la variedad que hace un tiempo se encontraba en Macedonia.

Caucásica

Hemos experimentado con la abeja caucásica durante más de cincuenta años. Las primeras reinas llegaron de América septentrional. Al mismo tiempo, recibimos un cierto número de reinas con orígenes de confianza. En realidad, con esta raza nunca hemos tenido gran éxito. Sin embargo, después de una serie de relatos, parecen existir variedades capaces de excelentes prestaciones. A día de hoy, sigo preguntándome si las comparaciones sobre aquellas relaciones en las que nos basamos no fueron conducidas sobre bases demasiado restringidas. Como he aprendido de la experiencia, solamente una serie de test comparativos, pueden proporcionarnos conclusiones fiables.

Sobre los rasgos exteriores, como por ejemplo el color gris de la pelusa, como también el buen temperamento y la longitud de la lígula, esta raza es muy parecida a la cárnica. Al contrario que ésta, la caucásica, por lo que concierne a la construcción de la cera entre panales y el uso del propóleo, es el extremo opuesto. Sobre estos dos rasgos la caucásica supera a las otras razas, aunque en el uso del propóleo hay razas a su mismo nivel. Este uso anómalo del propóleo y de la construcción de cera entre los cuadros, hace muy difícil el manejo de las abejas en las colmenas modernas, hasta el punto de que, a pesar de sus muchas y buenas cualidades, la caucásica no ha tenido gran difusión. Esta producción exagerada de propóleo en los cruces se transmite sin atenuación por unas cuantas generaciones. Por otro lado, la tendencia a construir cera entre los cuadros es más fácil de eliminar, y solamente con gran esfuerzo es posible eliminar el problema de la propolización excesiva. En cualquier raza, a excepción de la egipcia, este factor es dominante y parece que es reconducible en un gran número de alelos.

La caucásica es considerada universalmente la raza del temperamento más dócil entre todas, un hecho confirmado también por parte de nuestra experiencia. Aun así, hay variedades que son descritas como puras caucásicas, pero, desde el punto de vista del comportamiento, son bien diferentes respecto a la caucásica típica. A parte del rasgo del buen carácter, la caucásica difiere por la longitud de la lígula, que en algunas variedades alcanza la medida media máxima entre las abejas. Pero no hay que sacar como conclusión que la cosecha de miel en el trébol rojo sea directamente proporcional a la longitud de la lígula, o sea, que las abejas con la lígula más larga inevitablemente produzcan la mayor cantidad de miel en el trébol rojo.

Esta raza es también un claro ejemplo de una abeja que almacena la miel cerca de la cría. Siguiendo este instinto, guarda la miel de una manera característica, en un número reducido de cuadros. La ventaja de todo esto es que, al final del flujo nectarífero, o por una interrupción cualquiera, no pasa de quedarse con una cantidad de cuadros llenos a la mitad de miel y no operculados. Esto tiene como consecuencia una mejor calidad de la miel, especialmente en los climas húmedos. Aun así, si estas dos disposiciones son combinadas con la reluctancia a construir cera, el resultado será un aumento de la tendencia a enjambrar.

En lo que concierne a la fecundidad, hasta ahora no hemos descubierto diferencias sustanciales entre esta raza y la cárnica pura. La caucásica reacciona a las interrupciones del flujo nectarífero de la misma manera que la abeja cárnica, con una repentina caída en la cría de larvas. En nuestro clima, la caucásica es muy vulnerable a la acariosis y al nosema, un hecho que viene confirmado, por lo menos sobre el nosema, en los relatos que provienen de la parte central de Rusia. En general, no es una raza tan resistente respecto a lo que nos esperaríamos de una raza de montaña.

Aunque esta raza posea una cantidad de rasgos deseables, desde el punto de vista genético no es muy idónea para los cruces selectivos. Ninguno de los cruces que hemos testeado ha sido satisfactorio. Para resumir: las características de la caucásica deseables para nuestros objetivos pueden ser obtenidos a partir de cruces con otras razas, sin los rasgos visiblemente indeseados de esta raza.

Anatoliaca

Asia menor y la Anatolia son la patria, no solamente de una raza, sino de una gran cantidad de razas de abejas, y, como nos podemos esperar, en las áreas donde hay contacto entre dos tipos de abejas, existen una cantidad de formas intermedias. Al mismo tiempo, ocurre encontrar islas típicas de una raza en medio de un área donde está difundido otro tipo de abeja, hasta el punto de que resulta difícil determinar dónde se encuentran los individuos de una línea pura de una determinada variedad.

La abeja oscura del norte, o sea, de la región al este de Sinope, comprendida entre el Mar Negro y los Montes Pónticos, difiere de considerable manera de la caucásica en su comportamiento y en sus cualidades económicas, aunque haya ciertas similitudes, de particular manera el buen temperamento. La abeja de color naranja del área que hace tiempo pertenencía a Armenia, difiere respecto a aquella de Anatolia central, en que puede ser considerada una forma intermedia de las otras dos razas de las cuales estamos hablando. Las abejas de la Cilicia, comprendidas en la estrecha manga de tierra entre la cadena de los Taurus y el Mediterráneo y lindante con el desierto de Arabia, exteriormente se parecen a la abeja siria, y, dado que esta última tiene un terrible carácter, son muy agresivas. Por otros aspectos, son algo diferentes. En mi experiencia, la variedad gris oscuro que predomina en la parte occidental de Asia Menor, entre todas las otras variedades que pueblan este país, es la menos deseada. Todas estas razas, con excepción de la siria, la cual está presente de forma intermedia dentro de los límites de Turquía, tienen precisas características en común, aunque dependiendo de los hábitats que ocupan, y demuestran características diversamente acentuadas. Entre ellas, son todas muy parsimoniosas, pero, como nos esperaríamos, la abeja de Cilicia es la que menos presenta esta forma de ahorro. En cuanto al buen temperamento, la abeja de los Pónticos figura como cabeza de serie, mientras que la abeja de Cilicia y las variedades de Turquía oriental están en el extremo opuesto del listado. En ambas razas hay variedades que pueden ser definidas de mal temperamento, como también variedades de temperamento extremadamente bueno. Todas, excepto la abeja de los Pónticos, tienen una característica en común, la de ser sensibles al frío; una característica que se expresa en una marcada agresividad mientras dura el frío. Esta tendencia se encuentra en todas las razas, pero nunca tan pronunciada como en las variedades de la Anatolia.

Comparando con otras razas que hemos examinado, las variedades anatoliacas, a excepción de la Cilicia, en fecundidad están todas debajo de la media. Ninguna de éstas se acerca a los niveles de la cárnica. Sin embargo, al contrario de la cárnica, la anatoliaca, en el primer cruce, es prolífica en una medida casi increíble, aunque al mismo tiempo todas, con excepción de la de Anatolia central, muestran una importante tendencia a la enjambrazón. Entre las variedades hay claras diferencias, incluso en el caso de la línea pura. El tipo de Armenia, por ejemplo, cuando está en fiebre de enjambrazón o cuando pierde a la reina, construye una cantidad exagerada de celdas reales. No es raro llegar a las doscientas o trescientas realeras, y, a pesar de este número, las jóvenes reinas de desarrollan perfectamente, de la mejor manera posible, sin la mínima señal de malnutrición o de ningún otro defecto.

Ya comenté su sensibilidad al frío, pero ésta se manifiesta exclusivamente en una acentuada propensión a picar, y no tiene ninguna consecuencia en la capacidad de salir del invierno. De hecho, sobre el invierno, la anatoliaca parece ser superior a todas las otras razas que he conocido. En el invierno extraordinariamente frío de 1.962 – 63, o el más frío en Inglaterra suroccidental de 1.750 – hicimos salir del invierno en el medio de los brezales de Dartmoor unos núcleos de anatoliaca central pura en cuatro cuadros (18,3 x 14,5 cm) con absoluto éxito, un resultado que en tales circunstancias costaba creer. Esta excepcional capacidad de salir del invierno bien es claramente una consecuencia de la extraordinaria vitalidad de la anatoliaca, que se manifiesta de la misma manera en la longevidad de la reina y obreras. En una importante colonia, reinas que viven hasta cinco años no son una excepción. Teniendo presente su relativa fecundidad y su excepcional fuerza como colonia, sería inexplicable si no fuera compensada por una longevidad inusual y una gran fuerza de resistencia. Otra característica notable de este grupo de razas es el sentido de la orientación altamente desarrollado. Esto se demuestra de manera muy clara en las pocas bajas de las reinas a la vuelta del vuelo de fecundación. Durante años hemos calculado que estas pérdidas en nuestra variedad alcanzan alrededor del 22%; en las cárnicas el 10%, pero solo el 5% en las anatoliacas y en las chipriotas. Se puede tranquilamente afirmar que esta característica no concierne solamente a las reinas.

Como en cualquier colmena de cualquier raza diferente, en la prestación o en la capacidad de cosechar la miel se refleja todo un conjunto de factores. El elemento decisivo no es solamente el esfuerzo profuso para cosechar el néctar. Las variedades de Anatoliacas poseen una síntesis de factores válidos que difícilmente es posible encontrar en otras razas. Pero entre las variedades hay una marcada diferencia en las prestaciones, especialmente en los primeros cruces, debido, en parte, a su consistente tendencia a la enjambrazón. Los mejores resultados se han conseguido a partir de la variedad que se encuentra en Anatolia central, al norte y al noreste de Ankara. Esta variedad está también dotada de una característica de gran valor, la frugalidad. En mis hallazgos, ninguna otra raza puede competir con ella sobre este punto.

El grupo de las razas anatoliacas tiene naturalmente sus defectos. A parte de su temperamento y de la tendencia a la enjambrazón, a la cual ya me referí, éstas construyen una gran cantidad de cera entre los cuadros y utilizan de manera desordenada el propóleo. Pero estos defectos no están tan marcados como en la caucásica. De hecho, cuando son cruzadas, estos defectos aparecen de forma muy mitigada, y con una atenta selección desaparecen en pocas generaciones. Esta raza tiene también tendencia a estar sujeta a la parálisis, y también de no hacer madurar completamente el néctar de la *Calluna vulgaris*. El resultado es que, algunos años, la miel del brezo comienza a fermentar pocos días después de haber sido operculada. Aun así, nuestra experiencia ha demostrado que estos defectos, independientemente del uso del propóleo, con una atenta selección pueden ser fácilmente eliminados.

Está claro que aquí nos estamos ocupando de un grupo de razas, y, por lo tanto, un solo nombre y una sola descripción no pueden comprenderlas a todas de manera adecuada. Dando por hecho que hay entre ellas una gran interrelación, la diferencia entre las razas de grupo son muy evidentes. Y cuando hablo de diferencias no me refiero solamente a las marcas exteriores, sino a diferencias que se refieren al comportamiento y las características fisiológicas, o sea, diferencias de fundamental importancia.

Nuestros test comparativos han mostrado que, mientras las anatoliacas por ciertos aspectos son superiores a las otras abejas de Anatolia central, hablando en términos generales, aquella de Anatolia central es mejor desde el punto de vista económico, y la más apreciada para los objetivos de la selección. Hemos limitado nuestros experimentos principales a los cruces con la abeja Buckfast, o sea, reinas de Anatolia y zánganos Buckfast. El cruce recíproco es también bueno en las prestaciones, pero con un temperamento verdaderamente malo. En estos dos cruces, la heterosis no acentúa la tendencia a la enjambrazón y el cruce anatoliaca – Buckfast es mucho más prolífico.

Tengo que remarcar, una vez más, que con la abeja pura de Anatolia central, como todo este grupo de razas, sería inútil esperar grandes prestaciones. Las características verdaderamente apreciables económicamente se manifiestan en toda su fuerza solamente cuando son cruzadas de manera oportuna. En nuestra evaluación hemos tomado en consideración solamente los cruces seleccionados, nunca aquellos casuales. Un cruce no oportuno puede producir una progenie con un temperamento extremadamente malo.

Por lo que he descubierto en nuestros experimentos, el grupo de razas anatoliacas, especialmente la variedad de Anatolia central, está destinada a tener un rol importante en el desarrollo de nuevas combinaciones. En esta variedad tenemos a disposición un conjunto de factores de máximo valor para la selección, tal vez más que en todas las otras razas. Los pocos defectos que conlleva no son verdaderos obstáculos para el desarrollo de nuevas combinaciones altamente satisfactorias, como confirman nuestros resultados.

Grupo de la raza egipcia

Por cuanto me atrevo a asegurar, en la abeja egipcia tenemos una de las primeras razas de la cual se separó el grupo de razas de Oriente Medio de color naranja, o sea, la siria, chipriota, cilicia, y, probablemente, la que se conoce como armenia. De todas formas, la influencia que tiene la abeja de Siria está confirmada en muchas partes de Armenia.

El nombre de abeja egipcia fue cambiado hace pocos años a Apis *mellifera Lamarckii*, porque Linné le había dado el nombre de *fasciata* a otro insecto. Yo sigo, de todas formas, haciendo referencia a aquel nombre, dado que así ha sido conocida la abeja egipcia durante mucho tiempo. No hay posibilidad para el equívoco.

Fasciata

En la abeja egipcia tenemos una raza de una uniformidad y diferenciación excepcional. Desde los tiempos más antiguos estuvo, probablemente, circunscrita al área del valle y del delta del Nilo, y, por lo tanto, casi completamente aislada del mundo exterior. De esta manera se daban todas las condiciones para producir una uniformidad excepcional. La abeja egipcia es una criatura atrayente, llena de fascinación. El color naranja claro de la quitina, junto a la pubescencia casi blanca, que hace que parezca que la abeja está salpicada de harina, le dota de una gracia irresistible. El naranja claro se extiende hasta el cuarto segmento dorsal. Los segmentos ventrales son casi completamente amarillos, con la excepción de los últimos dos, que son oscuros. El tórax es negro azulado, como las partes oscuras de los segmentos dorsales. El scutellum de las obreras es naranja claro, pero el de la reina y los zánganos es negro. El abdomen de la reina es naranja claro con un borde claramente definido en forma de media luna por cada segmento – la marca característica de todas las demás razas orientales.

La abeja pura egipcia tiene moderada fertilidad, no es particularmente proclive a la enjambrazón, pero sí es propensa a ser agresiva. No forma una piña invernal. Cuando está en una situación de enjambrazón construye muchas celdas reales, no individuales sino en racimo, hasta el punto de encontrar realeras en el frente de los panales que contienen cría operculada, una característica que no observé en ninguna otra raza. Las realeras son pequeñas y bastante lisas. Los opérculos son bastante más oscuros que otros tipos de razas. Sobre la selección, la egipcia tiene una gran ventaja: es la única raza de abeja que no utiliza el propóleo, una rara cualidad que comparte con las especies indias. Otras cualidades altamente deseadas son su instinto de autodefensa altamente desarrollado y el desapego a la deriva.

Desde el punto de vista comercial, la abeja egipcia no tiene particularmente valor, pero desde el punto de vista de la selección tiene un valor inconmensurable, como se ha descubierto en los cruces entre egipcia – Buckfast. La F1 normalmente tiene un mal carácter, como nos esperamos. Las siguientes generaciones todavía son progresivamente siempre más dóciles, muy prolíficas e insólitamente tranquilas durante la manipulación. Las reinas que descienden de tal cruce a menudo continúan poniendo sin interrupción, incluso durante un posible manejo. Nunca he visto otras líneas cruzadas comportarse de manera tan tranquila. Sin embargo, los cruces con la egipcia tienen una desventaja que se nota particularmente en la F1: no resisten al frío y a las bajas temperaturas. No obstante, podemos eliminar esta deficiencia paso tras paso. Pero, como he dicho, a diferencia de las especies indias, la egipcia es la única raza entre las abejas que no recolecta propóleo. Esta es una característica que nosotros apreciamos muchísimo. La recolección del propóleo está sujeta a una cantidad de factores genéticos dominantes, y, por tanto, esta característica de la abeja egipcia de no propolizar es difícil de aislar en sus nuevas combinaciones.

Siria

Las variedades sirias están, a menudo, consideradas como una única raza. Es verdad que poseen muchas características en común, tanto buenas como malas, pero hay diferencias marcadas también, y para quien tiene experiencia es fácil notarlas. Evidentemente son parientes estrechos. Parece ser más que verosímil que la variedad de la Anatolia, en los distritos al sur y al noreste de los Montes Tauro, así como aquella que se encuentra en el límite con Mesopotamia, es descendiente de la siria. La siria, a su vez, es una forma intermedia entre dos razas y la egipcia.

La abeja siria es bella y fascinante. En la talla, en los colores, en la claridad de su vello, por su sensibilidad al frío y por otros aspectos es muy similar a la egipcia. Esto se muestra de manera muy clara, además del color y la talla, en su sensibilidad al frío. La siria con temperaturas donde la chipriota todavía mantiene actividad se queda aturdida. Como nos podemos esperar, esta sensibilidad tiene un efecto negativo en la laboriosidad y sobre la prestación.

La siria puede tener un carácter verdaderamente malo. Aun así, no se trata de una agresividad sin sentido: cuando es molestada y se potencia su rabia, su ferocidad y su fuerza para perseguirte son elevadas. No se trata de unas pocas abejas, sino de millares, literalmente, capaz de perseguir una persona hasta gran distancia de su casa. Esta característica extremadamente desagradable es un rasgo del grupo de razas al completo, pero alcanza su máxima intensidad en la siria y en la chipriota.

Puesto que la siria no tiene un verdadero valor económico en su tierra natal, tiene aún menos en otros países. Desde el punto de vista de la selección no veo en ella grandes ventajas, y tampoco grandes posibilidades de desarrollo. Las buenas cualidades que posee se encuentran en una forma que es mucho más útil y con mayor intensidad en la egipcia, en la chipriota y en la cilicia.

Chipriota

Mis experiencias con la abeja chipriota abarcan un periodo de más de setenta años. Pero las primeras reinas procedentes directamente de Chipre no llegaron hasta 1.920. Estas vinieron desde la región cerca de Nicosia. En los años siguientes probamos más de cien colonias con reinas de esta raza cruzada con zánganos italianos. 1.921 fue un año muy bueno de miel, y los rasgos negativos y positivos de esta abeja se hicieron pronto muy evidentes. Desde entonces, importamos reinas desde diferentes partes de la isla, y en mayo de 1.952 tuve la posibilidad de observar a esta abeja en su hábitat natural. En Europa septentrional, como en cualquier otro lugar, la chipriota no puede aspirar a obtener un valor económico. Posee una fertilidad limitada, que sin duda responde a sus exigencias en su patria subtropical. Pero, cuando es cruzada de manera conveniente, esta abeja manifiesta una fertilidad extraordinaria, y la laboriosidad de estos cruces es prácticamente única. La chipriota pura no es tendente a enjambrar, mientras que sí lo es su primer cruce, independientemente de la raza con la cual se efectúe. Sin embargo, cuando se presenta un flujo de néctar melífero, la fiebre de enjambrazón desaparece de repente y la chipriota produce una cosecha de miel extraordinariamente abundante. Los honores de las más altas prestaciones individuales se los lleva el cruce entre chipriota – cárnica.

La chipriota posee una serie de características extraordinariamente apreciadas, pero, al mismo tiempo, una cantidad de otras extremadamente negativas. Desde el punto de vista de la comercialización y de la selección, los rasgos apreciados aparecen solamente en el cruce selectivo. Una de sus características más peculiares es su capacidad de salir del invierno mejor de todas las demás razas. Esto se da también en los climas del norte, a pesar del hecho de que su lugar de origen sea una zona subtropical. Nunca he visto una colonia chipriota, ni cruzada ni pura, que no pasase el invierno en perfectas condiciones, y que no superase a todas las otras razas y cruces en el crecimiento primaveral. Esto, naturalmente, es un efecto de la inmensa vitalidad que esta abeja posee. No obstante, una extrema vitalidad de este tipo presenta desventajas en otras direcciones.

Nunca ha estado esta raza más lejos de cualquier favor que con su temperamento irritable. Y, como es propio de la mayoría de los cruces y de las variedades, especialmente con tiempo frío y hostil, reacciona a cualquier interferencia con una furia que no tiene igual. Su propensión a picar no se limita a revolverse hacia toda forma de molestia presente alrededor de la colmena, sino que comprende también una despiadada persecución al intruso durante un buen trecho. Esta es una característica que comparte junto a la abeja siria. Este rasgo extremadamente indeseable aparece solamente cuando se verifica una interferencia o una molestia a la colonia. En Chipre y en Siria he visto un gran número de colmenas primitivas en pequeños jardines y cortijos, rodeadas de casas, donde la gente pasa continuamente sin que nadie sea molestado por las abejas. Esta es una clara indicación que esta abeja no ataca sin ser provocada, como hacen, por ejemplo, las abejas negras de Europa occidental. Como se puede deducir por su capacidad de salir del invierno de buena manera y tener un buen arranque primaveral, la chipriota es una abeja particularmente resistente a las enfermedades, por lo menos a aquellas que afectan a las abejas adultas. Desde este punto de vista, tenemos en frente una abeja que no tiene igual, y nunca he visto tampoco ningún defecto en la cría. Las abejas chipriotas tienen un importante rasgo indeseado: un periodo de tiempo verdaderamente breve después de la desaparición de la reina, aparecen las obreras ponedoras. Esta es una tendencia de las chipriotas puras y de los primeros cruces, un defecto que comparte con su pariente más cercana, la siria.

Hay algunas otras características que la chipriota posee en medida verdaderamente notable, y las cuales hay que mencionar. Cuando hemos tratado las razas del Cáucaso y de Anatolia, he condenado su inclinación a construir cera entre los panales. La mayoría de las razas evidencia este rasgo, aunque algunas lo hacen esporádicamente. La cera entre los panales y la misma que sobresale de los cuadros puede hacer difícil y antipático manejar una colmena. En la abeja chipriota encontramos, en cambio, una abeja que no muestra ningún indicio de esta tendencia. Este rasgo naturalmente no tiene influencia sobre la cosecha de miel, pero no es muy ventajoso desde el punto de vista práctico.

La chipriota posee un sentido de la orientación insuperable: tenemos abundantes ejemplos de la escasez de bajas entre las reinas durante el vuelo de fecundación. También un olfato muy desarrollado es, sin duda, un requisito necesario para un sentido de la orientación que sea superior a la media.

Estas dos características son complementarias. La disposición tradicional de las colmenas primitivas en forma de tubos en Chipre, según lo previsto, están colocadas sobre cuatro o cinco estantes, una encima de la otra, abultando mucho en tamaño sin la presencia casi por completo de signos de referencia. Una disposición así requiere de un sentido de la orientación y reconocimiento impecables. Pero, como ocurre en estos casos, un agudo sentido del olfato tiene sus desventajas. Las abejas que poseen este sentido son, generalmente, complicadas a la hora de tenerlas juntas. Nuestros experimentos han demostrado que estos rasgos no son prerrogativa solamente de la abeja chipriota, sino una señal distintiva del grupo de la Fasciata al completo.

Las muchas características apreciadas de la chipriota se muestran en su mejor forma en los cruces selectivos. Cientos de millares de años de endogamia, dentro de un número de colonias relativamente reducido, han escondido las plenas potencialidades de esta raza. El completo aislamiento de la isla, la endogamia durante millares de años, las duras condiciones de supervivencia, la escasez de recursos y la impetuosa selección natural, han cooperado para darnos una abeja de inestimable valor para la selección. Pero la abeja chipriota no es apta para el común apicultor comercial.

Adami

Mis viajes de investigación me llevaron por la isla de Creta. Como pronto descubrí, la abeja de Creta es conocida por su extrema agresividad. Debido a esto, no creía que se pudiera sacar ventaja alguna para nuestros experimentos. Aun así, recogí un cierto número de ejemplares para estudios biométricos. Estos estudios fueron conducidos por el Prof. Ruttner, que fue capaz de determinar cómo, contra toda previsión, esta era una raza claramente definida, independiente, hasta aquel momento desconocida. La denominó *Apis mellifera Adami*.

Por lo que respecta a la talla y longitud de la lígula, la abeja cretense pertenece a las razas de medio tamaño, y también al grupo que posee patas largas. Similarmente a la abeja cárnica, posee un tomento excepcionalmente largo, y un índice cubital más pequeño que cualquier otra abeja de Europa occidental. Tiene las alas pequeñas y un ancho abdomen, con tres segmentos de color naranja y, en contraste con la chipriota, el escutelo oscuro. Gracias a algunas otras diferencias, se hace evidente el contraste con la abeja melífera de la Península Balcánica y con las variedades comunes en Europa. Las características en general indican una estrecha relación con las abejas de Asia Menor y de Chipre.

Cuando fueron publicados estos descubrimientos me pareció justo incluir a esta raza en nuestra experimentación. Pronto, la inusual ferocidad fue evidente. Al mismo tiempo, aparecieron una gran cantidad de características que no había visto nunca en otras razas. En el momento en que una colmena está sin reina, las abejas construyen un gran número de celdas en racimos compactos sobre las larvas de obreras, con los opérculos que recuerdan muchísimos a aquellos de la cría de zánganos. Las numerosas celdas reales, producidas en gran número, por forma y dimensión recuerdan a la de la abeja egipcia.

Para mi gran estupor, la F1 cruzada con zánganos de nuestra variedad resultaron tranquilas, casi tanto como las mismas abejas Buckfast, extraordinariamente prolíficas, no proclives a enjambrazón y muy economizadoras. En la construcción de puentes de cera entre los cuadros se acerca a la caucásica, pero no en el uso del propóleo. Como todos los cruces, los rasgos desventajosos en las siguientes generaciones se han manifestado de manera acentuada.

Nuestros resultados indican nuevas variedades, y que, cuando es cruzada de oportuna manera, es capaz de producir mucho, y que podrá ser de gran valor para la selección. El Prof. Ruttner acertó a descubrir que los valores biométricos parecen indicar en esta variedad cretense algunas afinidades con las abejas anatoliacas y chipriotas. Los resultados de nuestros experimentos en la crianza en pureza y en los cruces, limitados a los rasgos fisiológicos y al comportamiento de las abejas, dan razón a la creencia de que la abeja cretense es un miembro destacado del grupo de las razas egipcias.

El descubrimiento de esta raza y la indagación sobre su valor comercial y en la selección muestra, una vez más, que solamente la búsqueda libre de todo prejuicio puede determinar el valor de cada variedad de abejas. Las impresiones y conclusiones superficiales pueden llevar solamente a evaluaciones completamente erradas. Hacer test sobre la base más amplia posible es, de cualquier modo, la premisa fundamental para una evaluación eficaz.

Grupo de la raza Intermissa

Intermissa

La abeja original de Túnez, de Argelia y de Marruecos, representa otra de las razas primitivas. El valor económico de esta raza negroazulada es muy reducido, a causa del inusual número de características desventajosas que posee. No obstante, nuestros experimentos han demostrado que hay una determinada posibilidad de utilizar la intermissa para fines selectivos, aunque no en la línea pura, sino en el cruce selectivo, y solamente en los cruces oportunos.

El patrimonio genético de esta abeja ofrece grandes posibilidades, tanto en el aspecto positivo como en el negativo. Las características positivas, en este caso, son generalmente enmascaradas por aquellas negativas, y se manifiestan solamente en la progenie de la F1. Sus peores defectos son el mal temperamento y el nerviosismo; su tendencia a enjambrar y la crianza desordenada de la cría, así como su tendencia a propolizar. Estos defectos están radicados en todas las variedades de esta raza. Las razas orientales son agresivas solamente cuando son molestadas, pero la intermissa es una picadora por naturaleza, y atacará a cualquier ser viviente que se acerque a su casa. Alcanza picos extremos de nerviosismo y gran tendencia a volar de los cuadros mientras se revisa, y a esto se suma su inquietud por enjambrar y la crianza en exceso. Todo esto, naturalmente, se intensifica en la F1. Estas tendencias desventajosas están todavía presentes al final de septiembre, en el momento en el cual las otras razas y los cruces difícilmente aún tienen cría. Me ha pasado más de una vez el verme obligado a retirar a la reina de las colonias de esta raza mientras las estábamos alimentando durante el invierno, para evitar que las reservas fueran transformadas en cría. Sobre el propóleo, es utilizado, no solo para rellenar todos los rincones dentro la colmena, sino también los mismos cuadros. Los opérculos de las celdas son siempre de un color gris oscuro.

Esta raza y sus subvariedades padecen, además, de una debilidad hereditaria muy seria. En el caso de la cárnica, he llamado la atención sobre su notable resistencia a las enfermedades de la cría. En la intermissa tenemos el caso opuesto: hay una vulnerabilidad casi extraordinaria hacia las enfermedades y hacia los defectos de la cría. Esto se puede observar claramente en el hábitat natural de esta raza, donde las enfermedades de la cría constituyen el principal obstáculo para una apicultura rentable. Sabemos que estas enfermedades son debidas, en gran medida, a una falta de vitalidad, causada sobre todo por una endogamia excesiva. Pero, en la intermissa, la vulnerabilidad es debida a un preciso defecto genético. Contra las enfermedades que atacan a la abeja adulta, la intermissa es muy resistente, con una sola excepción, su extraordinaria vulnerabilidad a la acariosis. Pero no he visto nunca ningún signo de parálisis.

Cuando me ocupé del grupo de las razas anatoliacas, mencioné la rara incapacidad de un cierto número de razas de recolectar el néctar de la *Calluna vulgaris*, al menos en determinadas condiciones climatológicas. Nunca observé este desafortunado defecto en la intermissa, y tampoco en ninguna de sus subvariedades. Más bien esto ha sido observado en su variedad noruega.

Otra característica de la intermissa que merece la pena señalar es el impulso muy acentuado a recoger polen. Es verdaderamente glotona de polen. Este rasgo es predominante en todas las subvariedades cuyo origen está relacionado a la intermissa. No hay parangón entre las reservas de polen recogidas por la intermissa y aquellas de las razas amarillas. Con la intermissa no hay un término intermedio o una forma atenuada, ésta es extrema en cualquier cosa: es una disipadora despreocupada, salvaje, y todavía dotada de la primitiva exuberancia de vitalidad y energía. Aprovechar las vitalidades primitivas escondidas en esta abeja y poner sus buenas características a disposición de nuestros objetivos, es la tarea de la apicultura moderna.

Subvariedad de la intermissa

Como ya he indicado, en la abeja de África septentrional tenemos una raza primitiva, de la cual sus numerosas subvariedades se han difundido a través de la Península ibérica hacia Europa central y Asia septentrional, hasta el océano Pacífico. Cualquiera que tenga familiaridad con las razas primitivas y las variedades de Europa occidental y septentrional, puede localizar en cualquier lado sus características Como podemos esperar, todas estas características, remuneradas y no remuneradas, se encuentran con la máxima intensidad en la raza de origen.

Por otro lado, en la variedad de Europa occidental y septentrional encontramos algunos rasgos de la intermissa en progresiva graduación, aunque estos estén todos presentes también en la variedad más remota.

La más antigua entre las subvariedades se encuentra en la Península Ibérica, donde durante millones de años reside y fue confinada durante la Era glacial. Solamente después de la última glaciación, hace alrededor de 10.000 años, ha sido capaz de difundirse hacia el norte, rodeando los Pirineos y encontrándose gradualmente en Europa occidental y en Asia septentrional. Obviamente, cuando hablamos de la abeja francesa, inglesa, holandesa, sueca, finlandesa, polaca y alemana, hablamos en términos muy vagos, dado que las abejas no conocen fronteras. No habría ningún interés en describir estos tipos locales uno por uno, porque todos, sin excepción, poseen las características fundamentales de la intermissa. Entre ellas, hay naturalmente diferencias, pero éstas mantienen principalmente el grado en el cual, en una línea afín, se manifiesta una particular característica. EL color negro azulado de la intermissa se muestra especialmente en la variedad suiza, mientras que, en los demás países, el color es marrón. La extrema tendencia a enjambrar de la intermissa se muestra, por otro lado, en la abeja holandesa, la *M. Iehzeni*. Una característica que todas las variedades tienen en común es la agresividad sin ser provocadas.

Hemos testeado de manera extensiva en todas las subvariedades anteriormente mencionadas, y también en la misma intermissa. En todos los casos, lo que resulta son solamente las características esenciales del prototipo, en diferentes grados de intensidad. Sin embargo, tengo que recordar una especial característica de la raza intermissa que tiene gran valor, tanto desde el punto de vista económico como para la selección, y se trata de su capacidad de crecimiento primaveral, pasando de un puñado de abejas hacia una colonia de gran fuerza. No conozco otras razas que posean esta capacidad con el mismo grado. Podemos hablar de un desarrollo "explosivo" de la cárnica, pero no hay verdaderamente comparación entre esto y lo de algunas variedades de las razas de Europa occidental. El desarrollo en estas últimas no ocurre de manera tan precoz como en la cárnica, pero cuando llega es muy fiable.

Otros rasgos de valor en las variedades de la intermissa son: potencial alar, longevidad, laboriosidad en la construcción de los panales y los opérculos blancos de la miel almacenada. En el sur de los Pirineos, los opérculos son habitualmente oscuros o muy oscuros. Al norte de los Pirineos hay un gradual paso hacia opérculos más claros, hasta llegar hacia aquellos de la antigua abeja inglesa, que producía opérculos perfectos.

El grupo de las razas intermissa posee una serie de características apreciadas desde el punto de vista de la selección, pero, al mismo tiempo, tiene la misma serie de desventajas. En la naturaleza, por lo demás, el oro se encuentra, a menudo, entre restos y despojos. Como mostraron nuestros experimentos, en esta raza tenemos un valor duradero: está dotada de admirable manera para los cruces y la selección combinada. La abeja Buckfast que nosotros hemos desarrollado a partir de un cruce semejante es el ejemplo más clásico.

Subvariedad de Europa y de Asia septentrional

Como ya he subrayado, las subvariedades que son parte del grupo de la raza intermissa se extienden hasta el extremo norte, al sur del Círculo Polar Ártico, desde el Atlántico hacia el Pacífico. En esta inmensa región, las variedades de abejas tienen, por obligación, que tener la capacidad de resistir al frío extremo del invierno, sin tener ninguna posibilidad de cumplir un solo vuelo durante muchos meses. No es solo una cuestión de pura resistencia, sino de un vigor físico que puede sobrevivir por largos periodos de confinamiento sin cumplir ningún vuelo de purificación. Esta capacidad lleva consigo una cantidad de otras características. Entre ellas, hay rasgos de longevidad, un carácter tranquilo, un bajo consumo de reservas y capacidad de sobrevivir con reservas de bajas calidades. Por otro lado, los cortos veranos, limitados a solo pocos meses, requieren de una capacidad de crecimiento rápido, y una tendencia a enjambrar para reintegrar las inevitables bajas de los meses invernales. Cualquier colonia que en otoño no esté en excelentes condiciones en el entorno ártico, está condenada a la extinción. La selección natural aquí opera en su forma más feroz.

Como consecuencia, tenemos que concluir que aquí es posible encontrar en su máxima concentración las cualidades responsables de la supervivencia en tales extremas circunstancias, y que éstas están bien arraigadas genéticamente. Nuestros datos confirman este hecho más allá de cualquier duda.

Antes de hacer nuestro primer experimento en 1.968 con una subvariedad de Finlandia, y antes de ésta con una de Suecia, éramos conscientes de las dificultades que habría conllevado aislar estas cualidades. Como temíamos, en estas subvariedades aparecieron todos los rasgos desagradables del grupo de razas de la intermissa, en una forma altamente intensificada. Aunque no se haya trabajado durante un determinado periodo, para aislar las características deseables de estas variedades, no hemos conseguido aún un verdadero éxito.

Apis mellifera Major Nova

Este nombre ha sido adjudicado a otra subvariedad de la intermissa que el Prof. Ruttner descubrió por casualidad hace unos cuantos años, en el centro del hábitat original de la intermissa, las montañas del Rif. En Marruecos. Siguiendo las recomendaciones del Prof. Ruttner, visitamos esta área en la primavera de 1.976, y esto nos dio la posibilidad de poner a la prueba a esta variedad especial.

Nuestros resultados muestran que, a pesar de las dimensiones de su cuerpo, la longitud de la lígula y la abertura de las alas, sus características fisiológicas y su comportamiento son idénticos a los de la intermissa. Es la más grande de las abejas melíferas que conocemos. La longitud de su lígula es comparable con aquella de la caucásica, lo cual significa que tiene la lígula más larga nunca medida. Lo mismo vale para la abertura de las alas. La abeja del Rif no es negroazulada, como la intermissa, sino marrón, como muchas de las variedades de Europa septentrional. He observado esta graduación de color también en otras partes de Marruecos.

Esta variedad de la intermissa es verdaderamente interesante. El grupo completo de las razas de la intermissa tiene la lígula corta, y un índice cubital bajo. La abeja del Rif muestra todo lo opuesto. Podemos suponer que, en esta región, hasta ahora inexplorada, en la cual durante millones de años se han desarrollado diferentes variedades de razas, esperar otras sorpresas.

Según nuestros datos, la abeja del Rif, tanto como línea pura como cruzada, durante el invierno muestra un consumo de las reservas excepcionalmente alto. En las mismas condiciones, las colonias del Rif gastan 14,4 Kg., contra solamente los 6,75 Kg. de la anatoliaca y los 9,45 Kg. de las otras variedades y cruces. Este alto consumo probablemente se puede explicar con su comportamiento inquieto durante los meses de invierno.

Sahariensis

Llegamos al término hablando de una raza muy interesante, que ha disfrutado durante millones de años de una existencia en aislamiento en los oasis marroquíes del Sáhara. Al este de la frontera con Marruecos hay oasis donde se puede encontrar a esta abeja, también más hacia oriente de Laghouat, como he podido averiguar. No hace mucho tiempo que se puso en duda la existencia de esta abeja. Hoy también sus orígenes y sus ascendencias son inciertos. Por otro lado, los datos biométricos y nuestros experimentos de crianza indican una relación de parentela con la *Adansonii*.

En los rasgos externos y en el comportamiento en general se asemeja mucho a *Apis indica*. Nuestras evaluaciones muestran que es inferior a la media por su fertilidad, que es inquieta y muy nerviosa. A despecho de esto, no puede ser descrita como de mal carácter. Pero si es cruzada con otras razas de inoportuna manera se vuelve de un carácter verdaderamente malo, y tiene la misma tendencia a perseguir a quien la molesta, como hemos visto en el grupo de las razas egipcias. Además, en su tierra natal, podemos manejarlas sin humo y sin particulares protecciones. Es claramente susceptible al frío. Fuera de su hábitat natural, la sahariana pura no tiene futuro, sino es con la creación de nuevas combinaciones.

Cuando se pasa al cruce y a la selección de combinaciones, no hay duda de que la abeja sahariana puede jugar un rol importante, siempre y cuando los cruces estén seleccionados cuidadosamente. Cuando es cruzada de oportuna manera, esta abeja demuestra extraordinaria fertilidad y capacidad de producir miel. Durante nuestros experimentos con sus cruces en el verano de 1.964, una F1 Sáhara – Buckfast produjo 133 Kg. de media por familia, contra una media general de 36,6 Kg. Esta prestación verdaderamente excepcional era en gran parte debida a la fuerza fenomenal de las colonias, y en parte a la vitalidad, longevidad, fuerza alar y laboriosidad de este primer cruce. La fuerza de las colonias alcanzó picos tales que muchos de los apiarios comúnmente en uso se habrían revelado del todo inadecuados. Los cruces de este tipo manifiestan una fantástica capacidad de construir panales de cera. Las nuevas fundaciones son efectuadas a la perfección y con una velocidad asombrosa, cosa que es un esencial factor concomitante de las capacidades de cosechar miel de superflua manera, y de la ausencia de enjambrazón. Estas características van emparejadas.

Ulteriores ventajas en Sáhara nos dieron la posibilidad de hacer combinaciones entre reinas de los diferentes oasis. Estas comparaciones han mostrado claramente que no hay diferencias dignas de nombrar en las características de las abejas entre un oasis y otro, sino solo por aquellas ligeras variaciones que aparecen en todas las razas. La abeja sahariana difiere por su gran uniformidad, similar a las abejas de razas egipcia y chipriota. Sobre los colores, la progenie muestra una variación similar como la de Apis indica, o sea, del marrón muy claro hacia el oscuro. No hay abejas oscuras uniformes, mientras que sí hay uniformidad en aquellas muy claras. En estos ulteriores test no hemos podido concretar en la particularidad de sensibilidad a las enfermedades. En los primeros experimentos nos pareció que las abejas estuvieron muy expuestas a las parálisis. Por lo que respecta a la fertilidad y la fuerza de la colonia, hemos tenido resultados hasta mejores sobre nuestras evaluaciones iniciales. Nos hemos demostrado a nosotros mismos que un cruce Sáhara – Buckfast produce la mayor fuerza por colonia de cualquier otro cruce. El verdadero valor de la abeja sahariana está en el cruce cuidadosamente seleccionado y en la selección por combinaciones. Donde no sean posible los apareamientos controlados, con esta raza no se debería ni siquiera intentar experimentos.

Notas de acompañamiento a la tabla

Para cualquier evaluación y comparación objetiva es esencial tener estándares definidos y desarrollar una serie de experimentos que sean repetidos en las diferentes situaciones medioambientales y con diferentes condiciones de flujo de néctar. Con medias estándar para las combinaciones, aquí colocadas en una lista, he cogido a la abeja Buckfast: sus características son obviamente bien conocidas. Los resultados de los experimentos conducidos en nuestro particular medio aquí son simples datos de hechos.

Para no hacer esta tabla demasiado complicada, he limitado los resultados obtenidos a las razas de los grupos esenciales, o sea, aquellos que han resultado aptos para los cruces y la formación de nuevas combinaciones. El hecho de que algunos cruces se han demostrado de valor económico solamente en la F2 y no en la F1 (contrariamente a la opinión generalmente difundida), cuando resulta de alguna importancia, ha sido anotada.

En estas evaluaciones han sido tomadas en consideración solamente las características realmente importantes. Las primeras cinco forman la base de la prestación, y son: fertilidad, laboriosidad, resistencia a las enfermedades de la cría y de la abeja adulta, desafección a la enjambrazón. En el sucesivo grupo están puestas en un listado: longevidad, potencia alar, resistencia a las condiciones atmosféricas, olfato, almacenamiento de la miel lejos del nido, y construcción de la cera en los panales. Estas últimas características nombradas tienen gran influencia sobre la tendencia a enjambrar. Las demás inciden sobre la efectiva producción de miel. Para terminar, tenemos: mansedumbre, firmeza en el panal, propolización, construcción de los puentes de cera y sentido de la orientación. Estos rasgos han sido considerados exclusivamente desde el punto de vista de la gestión. Estos no tienen influencia sobre la producción de miel. Pero una abeja de buen temperamento y que tenga un carácter tranquilo, es un requisito esencial para los apicultores de hoy en día, así como la ausencia de propóleo y de puentes de cera entre los cuadros.

Las evaluaciones están aquí medidas en doce grados, pero no del 1 al 12, sino del 6 al 1 y del 1 al 6. En estas han sido luego asignados un signo positivo o negativo. La gradualidad de un extremo y el otro es continua, como se puede ver en las cifras y en los signos. Las únicas excepciones son las cifras para la propolización y la construcción de los puentes de cera entre los panales. Seguir el esquema propuesto, en este caso habría dado la impresión de que un aumento de estos dos rasgos desventajosos fueran una ventaja. Así que, en estos dos casos, los signos +6 indican la máxima cantidad de propóleo y de la cera entre los cuadros, y -6 la menor.

Razas	Fertilidad	Laboriosidad	Resistencia a las enfermedades de la cría	Resistencia a las enfermedades de las abejas adultas	Desafección a la enjambrazón	Longevidad	Potencia alar	Resistencia	Agudo sentido del olfato
Buckfast	+4	+4	+3	+5	+6	+2	+2	+5	+5
Ligústica	+3	+2	+3	+3	+3	+1	+1	+1	+3
	+4	+3	+4	+3	+1	+2	+2	+2	+3
Cárnica	+2	+3	+5	+2	-5	+4	+2	+3	+2
	+2	+4	+5	+3	-6	+4	+2	+4	+2
Cecropia	+2	+3	+3	+2	+1	+3	+2	+3	+2
	+5	+4	+3	+3	+5	+4	+2	+4	+2
Caucásica	+1	+1	+1	+1	+1	+1	+1	+1	+1
	+3	+2	+1	+1	-1	+1	+1	+2	+1
Intermissa	+1/+3	+4	-4	-3	-4	+6	+6	+6	+6
	+4	+5	-4	-1	-5/+3	+6	+6	+6	+6
Razas de Europa occ.	+1/+3	+5	-3	-3	-4/+3	+6	+6	+6	+6
	+4/+5	+6	-1	-1	-5/+3	+6	+6	+6	+6
Mellifera Iehzeni	+2	+5	-3	-1	-6	+6	+6	+6	+6
	+2	+6	-1	+1	-6	+6	+6	+6	+6
Fasciata	+1	+2	+2	+2	-1	-1	-6	-6	+3
	+3	+3	+3	++3	+2/+3	+1	-5	-1	+4
Chipriota	+1	+2	+2	+2	-1	+2	+2	+3	+4
	+3/+5	+5	+3	+3	-4/+3	+3	+3	+5	+5
Centro Anatoliaca	+1	+6	+2	+3	+2	+6	+6	+5	+3
	+3/+5	+6	+3	+4	+5	+6	+6	+5	+4
Sahariana	+1	+6	+3	+3	+3	+4	+4	-3	+6
	+5/+6	+6	+3	+3	+2/+4	+5	+5	+5	+6

Resultados de las evaluaciones en relación a la abeja Buckfast.

Acercar estas dos características una con otra nos permite ver rápidamente cuáles son las ventajas y desventajas de las diferentes razas. Al mismo tiempo, vemos qué posibilidades resultan a nuestra disposición para los cruces y combinaciones.

Rapidez en subir en las medias alzas	Capacidad de construir medias alzas	Buen temperamento	Comportamiento tranquilo	Propolización	Ausencia de puentes de cera	Sentido de la orientación	Razas
+6	+6	+3	+5	-5	-5	-1	Buckfast
+4	+4	+4	+3	+2	+1	-2	Ligústica
+4	+4	+5	+4	+1	-1	-1	
-1	-2	+3	+6	+2	+3	+3	Cárnica
+1	+1	+3	+6	+1	+1	+3	
+1	-1	+4	+4	+2	+3	+2	Cecropia
+4	+4	+5	+5	-1	-1	+2	
-6	-6	+6	+6	+6	+6	+1	Caucásica
-1	-1	+6	+6	+4	+4	+1	
+1	+5	-6	-6	+6	+6	+3	Intermissa
+3	+5	-1/-2	-1	+5	+5	+3	
+2	+6	-5	-5	+6	+6	+3	Razas de Europa occ.
+3	+6	-1/-2	-2	-4	+4	+3	
+2	+6	-5	-5	+6	+6	+3	Mellifera Iehzeni
+3	+6	-1	-2	-4	+4	+3	
+1	-1	-5	-5	-6	-6	+6	Fasciata
+4	+3	-1	-1	-4	-4	+6	
-1	-1	-5	-5	+1	-6	+6	Chipriota
+3	+3	-1/-2	-1	-1	-2	+6	
+1	+2	-1	-1	+3	+3	+3	Centro Anatoliaca
+3	+2	+2	+2	+2	+2	+3	
-1	+1	+2	-6	+2	+3	+4	Sahariana
+4	+4	-1/-2	--1	+1	+4	+3	

En cada cuadrado, el primer número indica los resultados de las razas puras; el segundo, los de la F1; el tercero, como está indicado, los de la F2.

Los recursos genéticos

Aquí he expuesto los resultados de nuestros experimentos, o sea, las características esenciales de las diferentes razas que en este momento conocemos y de las diferentes posibilidades de la cuales disponemos para la selección en pureza y los cruces. Todos los tests han sido conducidos acorde a algunos puntos firmes muy definidos que han sido tomados como base, dado que solamente de esta manera es posible llegar a las evaluaciones objetivas requeridas por una selección cuidada de la abeja melífera. Por cuanto ha sido posibe, no hemos dejado nada a la casualidad. Cuando se trabaja con seres vivientes, es necesario estar siempre preparados para las sorpresas: no existen resultados de validez universal, solo se puede proceder siguiendo directrices generales.

Es verdaderamente sorprendente que, en los últimos diez años, han sido descubiertas nuevas razas de abejas, razas de las cuales anteriormente no se conocía nada sobre ellas. Hace treinta años todavía no sabíamos prácticamente nada del grupo de las razas anatoliacas. No hay duda de que en un futuro no muy lejano se tendrá lugar ulteriores descubrimientos de este tipo. Probablemente, estos descubrimientos se harán en las regiones al sur del Sáhara, un hábitat *de Apis mellifera* que hasta hoy no ha sido explorado.

Por otro lado, los seleccionadores de reinas, como los seleccionadores de plantas, tienen que reconocer el hecho de que hay una gradual pérdida de razas individuales y de los tipos locales, de la misma forma que esto ha ido ocurriendo por parte de la Naturaleza en un pasado remoto. Estas variedades, que por millares de años han poseído la capacidad de resistir a las fuerzas de la Naturaleza y a la devastación de las enfermedades, y que están claramente dotadas de un gran número de características hereditarias de inestimable valor, hoy, para los seleccionadores modernos, son todavía pérdidas. Es bien conocido que en la batalla contra las enfermedades son las formas silvestres de las plantas las que juegan un rol decisivo.

En la selección de *Apis mellifera* podemos ocuparnos solamente de las formas silvestres, dado que en sentido cercano no existen los "purasangres". Pero muchas de estas razas "naturales" o geográficas, por ejemplo, los tipos locales franceses, que existían todavía alrededor de hace veinticinco años, ahora han dejado de existir. Tenemos un caso análogo con la variedad de la chipriota de Grecia septentrional. En el primer caso, la pérdida es debida a la difusión, de manera incontrolada, de los cruces selectivos; en el segundo caso, el macizo transporte anual de las colonias de todas las partes de Grecia hacia regiones septentrionales para seguir las floraciones locales. También, las abejas del Sáhara, a pesar de su aislamiento casi total, están amenazadas por la extinción. Han sido cometidos algunos errores en el uso del spray utilizado en las plantas, pero dañino para las abejas, y como consecuencia, las pocas colmenas que hay están en peligro. También la abeja cárnica, hoy en día, en sus rasgos exteriores y en sus características comerciales tiene poca semejanza con la cárnica de hace tiempo. El error aquí parece haber sido un enfoque demasiado idealista en la selección.

El más grande peligro que hoy en día amenaza a casi todas las razas de abejas deriva del uso prevalente e indiscriminado de las variedades mestizas a nivel internacional, y, al mismo tiempo, se debe a una amplia diseminación de determinadas variedades de abejas muy buenas. Esto, naturalmente, significa que las buenas características se propagan, pero, al mismo tiempo, esto implica también una pérdida de la riqueza genética que hace un tiempo estaba a disposición.

Un enfoque realista de la selección no puede no tener en cuenta estos desarrollos modernos. En los años futuros será más difícil encontrar representantes auténticos de las diferentes razas geográficas, que son esenciales para el cruce selectivo y la formación de nuevas combinaciones. La apicultura del futuro, para ser ventajosa para todos, necesita una abeja que tenga un temperamento, no sea proclive a la enjambrazón, y que sea capaz de ser utilizada para la selección cualitativa y la combinación, uniendo todo esto con el mínimo desperdicio de tiempo y de esfuerzo. Para preservar y promover estas posibilidades selectivas, es esencial establecer reservorios, para conservar estas razas. Esta conservación de las razas, con su original riqueza hereditaria e individual, es un prerrequisito para cualquier tipo de progreso en la selección de las abejas.

Conclusiones

Por lo que parece, la única posibilidad de alcanzar reales progresos en la mejora de la composición genética de las abejas que están en nuestra lista es el cruce selectivo, con la síntesis de la riqueza en los rasgos económicamente apreciados que la Naturaleza nos ha puesto a disposición en las diferentes razas geográficas.

La selección de las razas puras es la herramienta indispensable que tenemos: esto nos permite identificar y conservar una particular cualidad, pero con ésta nunca podremos crear una nueva combinación o nueva característica. Sin embargo, con la selección pura, podemos identificar y fijar lo que disponemos. Gracias a la síntesis de nuevas combinaciones conseguimos rodear las restricciones impuestas por parte de la selección en pureza, y podemos obtener en la abeja mejoras estables.

Sin duda, la línea pura nos proporciona el material de fondo y el trabajo de inicio para nuevas combinaciones de éxito. Ciertamente, para estabilizar y fijar las combinaciones de nuevas características, otorgándoles el carácter de permanencia, tenemos que volver a la selección en pureza, dado que sin este factor todos nuestros esfuerzos serían de escasa ventaja. Cualquier nueva combinación tiene, a su vez, que conducir paso por paso a la siguiente síntesis de las potencialidades genéticas. Nuestro objetivo es un incremento progresivo, positivo y permanente de la abeja, con el fin de corresponder a las necesidades de la apicultura moderna. Solamente de esta manera, en la mejora de la abeja, es posible un progreso con comprenda todos los aspectos.

Soy bien consciente de que mucho de lo que he escrito a muchos apicultores les parecerá, en cierto modo, algo académico. Sin embargo, un apicultor muy bien informado tendría que tener familiaridad con los problemas que respectan a la selección de las abejas, aunque este conocimiento en la apicultura que practica encuentre solamente una limitada aplicación.

Tenemos que hacer frente a problemas que son completamente desconocidos en todas las demás esferas de experimentaciones similares.

GLOSARIO

Alelo (alomorfo)=   Forma alternada de genes que en un cromosoma ocupan un lugar específico. Las variaciones que se verifican entre los individuos de la misma especie dependen de los alelos que existen por unos determinados tramos.

Haploide=   Que tiene una sola serie de cromosomas.

Atavismo=   La regresión de las características del progenitor. La nigra suiza es un ejemplo de este fenómeno

Mestizo=   Animal con descendencia desconocida.

Bactericidas=   Substancia que destruyen las bacterias.

Biometría=   Disciplina que estudia la distinción de las razas basándose en la medición de sus características externas.

Conglomerado=   Conjunto disímil de potencialidades genéticas.

Cromosomas=   Estructuras en los núcleos de la célula que llevan los genes.

Crossover=   El intercambio permanente entre grupos de genes recíprocos.

Diploide=   Que posee los cromosomas en pareja.

Dominancia=   Capacidad de un gen de prevaler en la progenie en su rasgo opuesto, o recesivo.

Ecotipo=   Variedad local, que posee características distintivas evolucionándose en un medio particular en el curso del tiempo.

Hermafrodita=   Ser que muestra características tanto masculina como femenina.

Erosión=   Progresivo deterioro del vigor o algún otro rasgo.

Heterosis=	Vigor híbrido.
Heterocigoto=	Sobre un determinado rasgo contiene ambos genes, dominante y recesivo.
Evolución=	Gradual desarrollo de organismos simple y complejo, que se supone haya sido impuesto por la selección natural (la sobrevivencia del más idóneo), en épocas muy largas.
Fenotipo=	Tipo determinados de las características visible que son comunes a un grupo y que resultan de la interacción entre factores ambientales y características hereditarias.
Fisiológico=	Referido a las actividades vitales y a los comportamientos de un ser vivientes.
Gen=	Unidad responsable del material hereditario.
Gen letal=	Gen que introduce una característica mortal para el organismo
Genotipo=	Constitución genética de un individuo, en contraposición a sus características vitales.
Koersystem=	Método de selección que se atiene a las características raciales externas - ampliamente utilizada en la selección de la cárnica en el Continente.
Índice cubital=	Medida obtenida midiendo determinados aspectos de las vetas de las alas de los himenópteros que permite sacar conclusiones sobre el posible origen racial de un particular insecto.
Inter se=	Apareamiento dentro de una colonia o con un pariente cercano.
Morfología=	Ciencia que se ocupa de la forma y de la estructura de animales y plantas.
Mutación=	Comienzo de una variación hereditaria introducida por mutaciones cromosómicas estructurales o numéricas.
Partenogénesis=	Posibilidad de generar descendencia de huevos no fecundados.

Polimeral=   Forma de herencia sujeta a una serie de factores genéticos que progresivamente intensifican un particular rasgo.

Resistencia=   Capacidad de resistir, en mayor o menor grado, a infecciones, parásitos y enfermedades.

Segregación=   Separación de los rasgos en la pareja de los cromosomas que ocurre después a una división-reducciones y que rinde posible una nueva asignación en la progenie.

Selección=   Términos con diferentes significados, aquí viene limitado a la mejora permanente ya cumulativo de la abeja sobre una base genética.

Septicemia=   Infección que golpea la sangre o la sabia.

Sintetización=   Unión, en relación al cruce selectivo, de las características deseadas de dos o más razas en una nueva combinación genética fija, y con progenie uniforme y estable.

Integumento=   Cobertura protectora externa del cuerpo del animal

Símbolos

F1 = Primera generación nacida de un cruce;

P   = Padres;

P1 = Primera generación de padres;

♀ = Abeja reina;

♂ = Zángano;

♀ = Abeja obrera;

El monje benedictino Hermano Adam (Karl Kehrle, nacido en Mitelbiberach, Alemania, en el 1.898 y fallecido en el 1.996 en Buckfast, Iglaterra), ha sido el seleccionador de la abeja Buckfast, raza hoy en día apreciada y empleada en cualquier lugar.

Actualmente es reconocido universalmente como el padre de la apicultura moderna.

Enviado a la Abadía Buckfast con la edad de once años por parte de la madre con problema de salud, comenzó a trabajar con las abejas en el 1.915. Desde su comienzo, Hermano Adam, tuvo que hacer frente a la epidemia de la acariosis, la cual en el 1.916 exterminó la abeja inglesa, y superó este problema recurriendo a la abeja italiana.

A partir de esta experiencia nació en el 1.917 la abeja Buckfast.

En el 1.925 creó la estación de apareamiento de Dartmoor donde, con el transcurrir de los años, estudio las abejas que recogía a lo largo de sus viajes en Europa, Oriente Medio y África.

Galardonado con los máximos reconocimientos por su actividad científica y de investigador, Hermano Adam ha sido el autor de fundamentales estudios para la apicultura moderna.

Trabajó con sus abejas hasta la edad de noventa tres años.

www.ingramcontent.com/pod-product-compliance
Lightning Source LLC
Chambersburg PA
CBHW040146200326
41519CB00035B/7605